産経NF文庫
ノンフィクション

日本人のための戦争学入門

松村 劭

潮書房光人新社

はじめに——文庫版刊行にあたって

二〇二二年二月二四日、ロシアが隣国ウクライナに侵攻、世界に衝撃を与えた。東アジアでは国力伸長著しい中国が台湾をめぐってアメリカとしのぎを削る。さらに北朝鮮はＩＣＢＭ級のミサイルを立て続けに発射、日本で「警報（アラート）」が鳴り響く……。ロシア、中国、北朝鮮はいずれも日本の隣国だ。日本人にとってこれほど「戦争」が身近に感じられたことはなかったのではないだろうか。

本書は、二〇〇七年に刊行された『戦争学のすすめ』を改題、文庫版として再刊したものである。著者・松村劭氏（一九三四－二〇一〇）は、陸上自衛隊の元陸将補。陸上自衛隊の上級指揮官・幕僚養成の指揮幕僚課程を修了後、幕僚職、海外軍学校留学、国連機関勤務を経験。退官後はアメリカのシンクタンクや国際戦略研究所に所属した軍事評論家・戦略研究者である。

欧米列国では、六〇〇〇万人以上の死者を出した第一次世界大戦後、一般大学に「戦争学」の学部や講座が設置されたという。「戦争」を軍人だけに任せず、科学的に研究する必要を感じたからだ。ところが日本では、軍の学校以外では研究が行なわれず、第二次世界大戦敗戦後は、むしろ忌避されるようになってしまった。しかし、いつまでも目を逸らしているわけにはいかない。

国際社会においては、国力の消長に応じて権益が不均衡になると、現状を維持しようとする国家と、現状を打破しようとする国家の対立が生まれる。この時、軍事力の大きな国に隣接した弱体な国家は、戦争の原因になるという。著者は今日の日本は、国際社会に対して戦争の原因になりうるという自覚が必要と説く。

本書単行本版が刊行された二〇〇七年には、中国がGDPでドイツを抜き、アメリカ、日本に次ぐ第三位に躍進、前年には北朝鮮が初の核実験を実施している。そして二〇二二年現在、中国のGDPは日本を抜いて世界第二位に、二〇〇七年当時一隻だった中国の戦略原潜は七隻が就役、空母もすでに二隻が完成、さらに建造が進んでいる。

米中ロ覇権争いの最前線に位置する日本が、今後いかに対峙すべきか、覇権構造の転換期を迎えたいま、「戦争学」の必要性はより切実さを増している。

編集部

日本人のための戦争学入門

——目次

第三章——戦争学から見た敗戦

第四章——日米戦争（ＷＷⅡ）の戦略的観察

第五章――米国家戦略の特性を探る

第六章――三つの危機迫る

第七章――海洋国家の戦争学

日本人のための戦争学入門

序章――戦争と平和の間

「病気が怖いからといって、祈禱で病気が消えると考える未開人と同じように、戦争が怖いからといって平和の願望を唱えていれば戦争がないと思うなら、その人は未開人である。病気に勝つなら医学を学ぶことと同じように、真に平和を欲するなら戦争を学ばなければならない――戦争は外交で得られない妥協を戦場で獲得するのだ」(英国の戦略家リデル・ハート)

それにもかかわらず日本人は、ウィルソン米大統領の宣教師外交のスローガンに染まって、戦争と平和の問題を道徳論で認識しようとしてしまった。

第一次世界大戦の停戦を仲介するためにウィルソン米大統領は停戦外交を展開した。その論理は、

〝戦争か、平和か〟であり、

と停戦の課題を、二元論で説得して回った。この論理には、戦争でも平和でもない「戦争は悪だ」国際社会の現実が故意に無視された。列国はウィルソンの説得を「宣教師外交」と冷笑したが、戦争に疲れ果てていた列国は、この説得を受け入れて停戦した。

戦争に対立する概念の平和は、国家が尊厳と威信を維持し、国際社会において自由（独立）で繁栄を求めて諸国と友好的な関係を保持している状態を想定しているとすれば、そのような理想的な平和は、歴史においてほとんど存在しない。戦争と平和を二元論として対立的に思考することは、大きい欠落を持つことになる。

すなわち、戦争と平和の問題を、国家の存亡を賭けた戦いと理想的平和の問題として取り上げることは、あまりにも現実からかけ離れた机上の空論になってしまうからだ。あえて言えば、秩序（法）の世界が平和であり、無秩序（腕力）の世界が戦争である。

だからといって、世界に間断なく戦争が発生し日常化しているので、科学的に思考することなく戦争と平和の問題を感情的に常識で判断してしまうことは、かえって平和を失うことになる。アリストテレスは、科学は驚きから出発すると述べているが、戦争と平和の問題は、日常的な常識ではなく、科学的に思考することが求められている。

戦争と平和の間には不和があり、緊張があり、対立が存在している期間の方が長いのが歴史の現実である。一つの国家と友好的であっても、他の国とは非友好的であることは常態なのだ。

戦争にも国家の滅亡を賭けて戦うものから、テーブルの上では得られない妥協を、戦場において勝ち獲る限定的な戦いも存在する。さらに代理国家を立てて、間接的に戦う戦争も多いのが歴史の現実である。

それは、あたかも致命的な病気に罹ることもあれば、比較的治療容易な病気に罹るときもあるし、病人といえなくとも、持病という問題を抱えながら健康体のように活動している人も多いことが現実であることと同じである。

二〇世紀は、戦争の世紀と言われている。第一次世界大戦は人類の愚行とされた。戦死約三一三万、戦傷約八四二万、市民の死者約三四九万という損失である。

それゆえ、列国は戦争を軍人だけに任せておけないとして大学に戦争学部を設置し、戦争学の講座を設けた。戦争を社会科学として研究することになったのだ。

第二次世界大戦では、戦争に兵士として動員された人数は一億人、戦死約一五〇〇万、戦傷約二五〇〇万以上、市民の死者約三〇〇〇万であった。

これだけの損害を生じても、第二次世界大戦後は八〇回を越える戦争が発生している。しかも、国家以外の交戦団体が増えてしまった。そして二一世紀になっても、戦争がなくなることはない。

それなのに戦前の日本では、軍隊の学校以外に戦争学の講座も戦争学部も設けられなかった。さらに敗戦後の日本では、被占領憲法の主旨にしたがって、まったく戦争学を研究する機関がなくなってしまった。

国際社会には国際法が存在するが、国際社会の最高の主権者は国家である。国際連合ではない。国際社会は法の支配する社会ではない。国際法は「inter-」の概念で「相互関係を調整」するだけであって、強制・拘束力も罰則もない。憲法も及ばない。国際社会における正義は、法によって支えられているのではなく、それぞれの国家の軍事力によって支えられている。

「政治は法を手段として統治するが、法には力がない。正義に力を与えよ」（サッチャー元英首相）

すなわち、国際社会を律している最強の法律は、一歩間違えば、

「勝てば官軍、負ければ賊軍」

の理屈がまかり通ってしまうのである。もっとも戦争の歴史は、戦いのルール（慣

例）を積み上げてきた。勝者も敗者も正義があることを、相互に認めるという騎士道（武士道）ルールである。それゆえ、平和は法理論をもって論ずることができるが、戦争は騎士道ルールと勝利獲得の理論をもって論ずることになる。すなわち、戦争は法の外側の世界である。

それにもかかわらず、日本の論客たちは、軍事力の運用を法律論（法理）で論じている。本来、戦争は法で律せられなくなった問題を軍事力で解決することだから、法律論で論ずることは矛盾した思考である。憲法が何と規定していようとも、戦争は憲法の外側の世界における人間活動である。もちろん、日本の被占領憲法は相手側には効力がない。それゆえ、世界の常識は、

「軍隊の組織と運用は原則自由である」

である。それなのに、日本では戦争学がない。戦後六〇年、まったく欠落しているのだ。

国際政治の主要な手段は、〝外交と軍事〟である。

「軍事力のない外交は、楽器のない音楽だ」

と名言を残したのは、プロシャのフレデリック大王である。アメリカ風に言えば、「話し合いと戦い（Talk and Fight）」である。そして大王は、

「外交交渉の取引材料は、〝既成事実〟である。それは原則として軍事力を行使して作り出す」

と名言を残している。北朝鮮は、間違いなくミサイル発射や核実験などが国防力強化のためであるという既成事実を作ろうとしている。

中国は、北朝鮮から日本海に臨む港、羅津の五〇年間の使用権を獲得した。これは、中国東北地方（満州）の人々にとって歴史的な積年の夢である。中朝国境からわずか八〇キロメートルで日本海に出る。目下、大掛かりな道路工事が始まっている。そのうちに羅津には、中国の海軍基地や空軍基地ができるだろう。その日は近いと覚悟しておいた方がよい。日本海は、軍事訓練と兵器の実験場になりかねない。日本の漁船は演習海域から締め出されることになる。（編集部注：中国の羅津港使用権は、計画を主導した北朝鮮・張成沢の粛清〈二〇一三年〉後、取り消されたと見られる）

同じように、韓国が日本領土である竹島を不法占領して既成事実を造っている。さらに中国が日本の排他的経済水域のギリギリ一杯に天然ガス油田開発を行ない、予告なく日本の領海などの管理水域に調査船を航行させて既成事実を積み重ねている。時間をおいて抗議すれば、

「敵意ある行為だ」

と、逆に外交交渉の取引材料に利用している。既成事実を放置することは、承認と認識するのが世界の常識なのである。抗議だけでは、承認と相手側に受け取られても仕方がない。これも世界の常識。

それなのに、日本のマスコミに出演している論客が日本の対策について論じた議論は大きい空洞があった。第一は、他国の軍事力による脅威に対して、自衛隊を運用する根拠の考え方が世界の非常識なのだ。

「万一、北朝鮮のミサイルが日本に飛んできたときにどうするのか？」

の問いかけに、満足に答えた論客は皆無である。彼らが答えたことは、

「急迫不正の脅威であり」

「ほかに対応の手段がないとき」

「脅威に対応できる最小限度の自衛力の行使で対処する」

であった。これは、法治国家における警察比例の原則である。法の支配が厳然として存在する国内において、不法な犯罪者が警察官に対し、突然、襲ったときに警察官に適用する対処行動の原則である。国際社会に通用する論理ではない。人間は秩序（法）の世界と無秩序（腕力）の世界の両方で生きているのだ。

北朝鮮は、戦争の場合を前提としてミサイルを発射している。そのミサイルも、在

日米軍基地を狙う戦域ミサイルと日本国民の生命財産の破壊を狙う戦略ミサイルである。

前提が戦争なのである。ここでマスコミに出演する論客の頭脳は真っ白になっている。だれも戦争だと認識したがらない。国内おける犯罪者に対処することと相似形に考える思考から一歩もでることはできない。仮に戦争になるかも知れないと感じても、戦争学について知識がないから対策案が出てこない。しかもテレビの司会者はここで女性の出演者に感想を聞く。

「戦争は厭ですね。絶対に避けなければ……」

「アメリカが守ってくれますよ」

の答えで議論が終わる。しかし、これは戦争なのだ。だから、あるべき対処の方法は、

「周到に戦争計画を作成して準備し、軍備を整え」

「できるかぎりの戦闘力を集中して」

「奇襲的に先制攻撃して、一挙に敵軍を撃滅する」

ことが当然の原則であり、世界の常識である。そのように戦争に備えることが「戦争の抑止」であり、「脅威に怯えない」ことであり、国家の尊厳を保持し、主導的な

「外交を担保する」のである。

　二名の兵士がヒズボラ戦士に拉致されたとして、イスラエル軍は〝自衛のための国防戦争〟を発動している。世界の人々は戦争と認めざるを得ないし、戦争であることには間違いない。そしてレバノンの人々は、

「ヒズボラは戦略を間違った」

　として批判するようになる。

　日本は一八五三年、鎖国の扉をアメリカとロシアの軍事力でこじ開けられたときから、今日までアメリカ、ロシア、中国（清）の三大国に取り囲まれてきた。明治維新の指導者たちは、そのような国際環境に敢然と立ち向かって日本の自由、すなわち独立と繁栄を守った。国家の尊厳と威信を守るには、戦争を学ばなければならないことを知っていた。それは真に平和を守るためである。

　今日の日本人も腰抜けではないはずだ。明治維新の原点に立ち返って戦争学を学び、四周の軍事大国による脅威に立ち向かおうではないか。

第一章——国際関係の基本

一、屈辱の平和は甘美ならず

一七七五年三月二三日、アメリカ独立運動の闘士、パトリック・ヘンリは、ヴァージニア植民地協議会に、イギリス軍による弾圧に対抗するために民兵訓練の強化と防衛作戦態勢の確立を提案したが、本国との和解を主張する保守派の反対を受けた。そのとき彼は、

「屈辱の平和は甘美ならず、尊厳（Honor）は生命よりも重し。我に自由か、しからずんば死を与えよ。自由（独立）は鮮血をもって勝ち獲るものなり！」

と叫んで、議員たちの琴線に触れた。そして四月一九日、イギリス正規軍とアメリカ民兵がレキシントンにおいて衝突し、八年に及ぶ〝アメリカ革命戦争〟の火蓋が切られた。

ここで問われていることは、〝生命〟と〝自由〟のどちらが重要なのかの二律背反の選択で、鮮血を流すことが唯一の自由を獲得する手段・方法であったのである。結論は、

「自由は生命より重し。自由のための戦争は正義を実現するための善なる行為である」

こうして、アメリカ独立（革命）戦争は「善」の戦争となった。しかし、英国王の植民地を守るために戦死した英軍正規兵の戦争は「悪」だったのか？　英軍兵士もまた、英国の正義を守るための善なる戦争を戦った。

英植民地民兵と英国正規軍が戦った戦場のインディアンから見れば、両侵略者の戦争は「悪」ではなかったのか？　インディアンの立場から見れば、他人が土足で自分たち先住民の土地に入ってきて勝手に戦争したのだから、迷惑きわまりない。インディアンも、彼らの大地を守るために正義の戦争を戦った。

この三者の戦争に対する考え方の奥にあるものを見つめておかないと、国際関係の基本が見えない。

生命の尊重が自由より重要であるとする人は、屈辱と奴隷を甘受することを認めなければばならない。自由が生命より重要であるとする人は、「銃を執る」ことを覚悟しなければならない。自分の土地を戦場にされたくない人は、侵入者を追い出す自己責任がある。

すなわち、戦争は善悪では論じられない。法律学者に言わせれば、「建国は強者によって達成され、国法も強者が作る。法は力によって支えられている」（トーマス・ホッブス）

すなわち、人間社会の基礎原則は、〝強者が支配する〟力の論理である。だからフランスの社会学者ガストン・ブートゥールは、

「人類の歴史は、戦争の歴史が主軸で積み上げられている」（『戦争』一九六五、清水幾太郎・武者小路公秀共訳、白水社）

と言う。今日の中国を建国した毛沢東は国民が一杯のスープで飢えをしのぐ生活となっても核兵器開発を決断した。その理由をソ連の指導者から問われたときに彼は、

「他国から侮（あなど）られないためだ！」

と答えた。毛沢東は〝気位か、美食か〟の選択において、国家は気位が優先するとしたのである。中国の軍事力増強方針の基本精神はこれである。屈辱の平和は甘美で

はない。

二、国際秩序の基本は戦略関係

今日の中国指導者がアメリカを訪問して帰国するたびに、「米中関係は戦略的パートナーシップの関係である」と公言する。その意味は、アジアにおける国際秩序は米中間の戦略的話し合いと軍事力バランスによって決定する。日本は黙って従えばよいという意味である。

国家が国際社会において自由・独立と平和、繁栄――国益――を追求するためには、国家戦略が必要である。

このうち優先度がもっとも高い価値は国家の名誉と自由（独立）である。独立であることは、国際社会における主張が独立しているだけではなく、その国家の国体（Constitution）が独立していることである。

一八〇六年、ナポレオンと戦って敗北したプロシャは全国土のフランス併合を要求された。皇后ルイーザは国王に対し、

「国土のすべてを失っても、国体と名誉を守りましょう」と進言し、これに同意した国王ウイリアム三世はロシアに亡命した。

一九四〇年、第二次世界大戦においてドイツ軍は、わずか四五日間でフランスを降伏させたが、ドゴール将軍は、「投降せよ」とのフランス政府の命令を蹴飛ばし、アフリカにおいて「自由フランス」の国体を守った。

国家が国体を維持し、自由と独立を守るためには、鮮血を厭わず、経済的損失を厭わず戦うことが絶対的に必要なのである。

国際社会を如何に認識するか？　その基本は主題が何であるかによって決まる。社益を追求する産業・経済人から国際社会を見れば、国際社会は市場関係が基本になる。今日の日本人の一番嫌がる質問〝大砲か、バターか〟に対しては文句なくバターを選択する。

第一次世界大戦の停戦を仲介することが使命であったウィルソン米大統領の認識は戦争（Fight）か、平和（Talk）かの二元論になる。

資本についての研究をテーマにしたマルクスは、資本家（Take）と労働者（Taken）という二元論で人間社会を認識した。このような二元論は国際社会に害毒を流してきた。国際社会はもっと多元的な社会である。

国家の自由・独立、繁栄をテーマにすれば、国家はその目標を追求する国家戦略を政治の基本に据える。したがって、国際社会を戦略関係によって認識することになる。国家の尊厳と威信という精神的主権（Mind）は、しばしば物質的主権（Material）よりも優先されたのが歴史の経験則である。すなわち、物質的滅亡であっても精神的滅亡でなければ、将来いつの日か復興することになる。

先の戦争で特攻隊員が言い残した魂の言葉は、神風攻撃は故郷の山に植林するようなものであり、いつの日か子孫が大木に成長して祖国を敗北から復興させるであろうことを信じていることである。

「〝後に続く〟を信ず」

の特攻隊員が求めた〝後に続く〟ことは、後世の青年たちが特攻隊員として弾丸となる気迫で敗北から立ち上がることを求めたのである。

国家の物質的な主権、すなわち領土・領海空、国民の生命・財産の保全は、具体的には国境、国防線によって認識することができるから判りやすいが、精神的主権について考えを及ばせることがもっと必要であろう。

さて、国家戦略は外交戦略と軍事戦略から構成される。経済戦略は原則として国家戦略の手段になりえない。なぜなら、国家と利益団体とは獲得しようとしている目標が異なる。国家は国際社会における覇権を求め、利益団体は利権を追う。覇権は利権の母になるが、その逆はない。

「軍隊ほど儲からないものはない。しかし、軍隊がなければ、もっと儲からない」

（古代ギリシャの言い伝え）

　政治を理想論や宗教論から切り離して人類の歴史的現実にもとづく理論を提唱した一五世紀の政治理論家マキャベリは、

「次の二つは、絶対に軽視してはならない。第一は寛容と忍耐をもってしては人間の敵意は決して溶解しないことであり、第二は報酬と経済支援などの援助を与えても敵対関係は好転しない」

　ことである。逆に敵意を持つ相手に対する経済的締め付け（兵糧攻め）は、相手を窮地に追い詰める一つの有効な方法である。いわゆる経済封鎖である。もっとも、これには軍事力という強制力がなければ実効は上がらない。

　結局、国際関係の主たる手段は〝外交〟と〝軍事〟であることは、古今東西において変わりはない。経済的繁栄だけでは国際社会では一人前の国家とは認められないのである。軍事作戦に例えれば、敵の兵站を破断することは、敵軍を撃破するために作戦の有力な手段になるが、自軍の兵站力の強化だけでは戦闘に勝利することはできないことと同じである。

三、戦争の構造的原因

国際秩序の基本は戦略関係であるから、すべての国際関係をこの視点に立たなければならないと主張しているわけではない。その見方が国家と国家の関係を認識する基軸であることを主張しているだけである。国際関係を認識する方法でもっとも危険な認識は、主題によって変化することを忘却することである。

国際秩序を戦略的に認識することは基本ではあるが、人間は情緒的でもあるし、宗教的でもあるし、物質的、利益追求的でもある。

さらにテーマによって、感覚的に多様な認識が存在する。国際社会に対する認識は〝多様〟がキーワードである。イスラム教信者（ムスリム）に〝国家か、イスラム教か〟の二者択一を問えば、イスラム教を選択する人が多い。

しかし、国際社会の最高の主権者が個々の人間ではなく国家なのだから、国家は国家の自由・独立と繁栄をいかに獲得・維持するかをテーマにして国家戦略的に認識するのが当然である。

そして、諸国の国家戦略が同一方向を向くベクトルであることはありえない。違った向きの戦略ベクトルは衝突するから〝戦略の衝突〟が不和、対立、不信、緊張、戦争の基盤的原因であることは間違いない。

ギリシャの詩人ホーマーは、戦争の基本的な原因は〝怒り〟であると述べている。一方、寛容と忍耐では敵意を決して溶解させることができないし、経済的恩恵を与えても敵対関係は好転しないから、戦争は永遠になくならない。紀元前四〇四年、ギリシャのツキディデス提督は、

「戦争は眼に見えない些細な原因から湧きあがる」

と、戦争が不可避であることを述べ、さらに英戦略家リデル・ハートは、

「戦争を研究すればするほど、その原因は政治的あるいは経済的であるというよりは、むしろ基本的に心理的なものであると思えてくる。――(中略)――だからすべての感覚を使って戦争を理解するまで――われわれは戦争を防止する展望を持ち合わせていないように思える」

のである。戦争の原因が基本的に心理的なものであるとすれば、心理的な原因を造る国際関係について歴史の教訓を探さなければならない。戦争の原因は、このように

一元的なものでないから、それらが総合的に現われる戦略を見なければならない。しかも開戦の決断は法律的な思考（善・悪）で行なわれるのではなく、国益を追求する戦略的な理由（利・不利）で行なわれるのが経験則なのである。

それを軍事史に求めれば、国家戦略が衝突する戦争の構造的原因は、次の三つであると言える。

(1) 地政学的対立
(2) 国体の対立
(3) 国力の不均衡

地政学的対立の典型的な例は、海洋国家と大陸国家の対立である。大陸国家と海洋国家では生存資源の獲得についての価値観が決定的に異なるので、心理的な対立が発生する。

例えば、海路や集束点について大陸の人々は何の関心もない。大陸の人々にとって海は障害地帯に過ぎない。

その逆に、広大な農地は大陸の人々の関心事になるが、海洋国家の人々には、産物の集積港以外に関心がない。大陸の人々は人間の階層関係に関心があるが、海洋の人々は平等関係を重んじる。個人主義の元祖のようなアリストテレスでさえ、

「海は艦長のいる民主政治を造った」と述べて、国家とは舟であり、全員が力を合わせて舟を漕ぐことが必要であると喝破している。古くは海洋国家アテネと大陸国家スパルタのペロポネソス戦争は、その典型であろう。

大陸国家は土地を基本とするから、その占有と使用の権利によって階層社会を造るのは自然であった。海洋国家はガレー船のような国家だから価値観が対立するのは当然である。

英国とフランスの対立、ポルトガルとスペインの対立、オランダと神聖ローマ帝国の対立の基本的構造は地政学的な戦略の衝突である。

第一次世界大戦はドイツのウイルヘルム二世が近東政策と大洋艦隊の創設で海洋帝国イギリスに挑戦したのが、基本的な戦争の構造であった。日本とシナ大陸の諸国家との対立も、これと同型であることは間違いない。

国体の対立も恐怖と疑心をもたらす。もちろん、国体が信ずる守護神が異なる宗教の違いは構造的な戦略的対立となる。

例えば、寡頭政治体制のスパルタと民主制のアテネは国内政治のあり方はもちろん、対外政策についても対立した。イスラム諸国家とキリスト教諸国家の対立も人類の歴史を血なまぐさく書いてきた。

フランス革命による共和制の誕生は欧州を戦争の渦に巻き込み、ナポレオン時代という時代区分を歴史に残した。一人の英雄の氏名が歴史区分に使われるほどの戦争となったのである。共和制の国体のフランスは四周の絶対王制の国々から目の仇になってしまったのだった。

ヒトラーの国家社会主義と英仏の国体およびソ連の国体は不倶戴天(ふぐたいてん)の敵対関係を生んだ。冷戦時代も同様に東西陣営の対立となった。

もう一つの構造的対立は、国力と覇権の不均衡である。世界の国家の国土は、広狭のみならず、その所在地、大地の資源など、まったく平等ではない。その上、米政治学者ハンチントンが述べるように、領土に住む人々の人口、国民性、国民の団結・規律・士気、教育・訓練、産業・経済力、政権の統治力、外交能力、軍事力の八要素において不平等であるばかりでなく、それぞれの国力の要素は時代とともに消長する。特に国内における政権抗争は四周の国々の武力干渉を受けることは必定であった。これらの国力の八要素は均衡がとれていることが重要なのだ。

それにもかかわらず国際社会における既得権益が国力の消長に応じて容易に変更することはない。当然、国際社会の諸国家は国力と権益が不均衡となるのは仕方がない。

その結果、既得権益（覇権）の現状を維持しようとする国家と、既得権益の現状に不満を持ち、変更を迫る現状打破派の国家が生まれるのは、あたかも高気圧と低気圧が発生する気象現象と似て当然である。その不連続線は、構造的な戦略の対立関係を造る。

「世界には国家の数だけ正義がある」

というのは、正確に言えば国家の数だけ違った国家戦略があり、ここで言う正義とは自国の国家戦略を推進する口実（戦略的利益）を正義と唱えているに過ぎないと理解するのが正確である。

したがって、〝軍事的に弱体な国家が強力な武装国家に隣り合わせると戦争は避けられない（ドイツの元帥フォン・デル・コルツ）〟。それは隣の強国が悪いのではなく、弱国が強力な他の第三国の覇権に入れられる前に、自国の国家戦略にもとづいて予防戦争しなければならなくなるからである。

それゆえ、国家が国防をおろそかにすることは国際社会のバランス・オブ・パワーを破壊する無責任行為となる。

イギリスの軍事戦略家J．F．C．フラー少将は、

「国家の安全保障力が不十分であれば、それはもっとも基本的な戦争の原因となる。

特に周辺諸国が軍事的に強力であれば、その傾向が強い」
と警告を発している。今日の日本は、国際社会に対して戦争の原因となっていると
いう自覚が必要である。

四、人類は戦争を止められない

国家戦略が衝突する構造的原因は一つだけではない。例えば紀元前におけるアテネ
とスパルタの戦争（ペロポネソス戦争）は海洋国家と大陸国家の対立であり、寡頭（かとう）政
治の国体と民主制の国体の対立であり、日の出の勢いで国力を回復したスパルタが圧
倒的に覇権を握るアテネに対する現状打破の挑戦であった。三つの構造的戦略関係が
衝突したのである。

ウィルソン米大統領の宣教師外交は敗北したドイツを悪者にした。ベルサイユ講和
条約はドイツに、敗者に戦争のすべての責任を負わせる戦時賠償を課した。
「怨念と欲望は戦争の卵」（西欧のことわざ）
である。ヒトラーの瀬戸際政策は、ある意味でドイツの屈辱を背負っていた。そこ

へポーランドがドイツ側国境に大軍を並べて警戒心を無言に表明し、フランスがドイツ側国境にマジノ要塞線を構築して敵意を明示すれば、ヒトラーでなくても戦争を決断しないドイツの指導者はいなかったであろう。

第一次世界大戦はセルビアの一青年がオーストリアの皇太子に発砲した一発の銃声が戦略の衝突に発火させた。

国家戦略の構造的対立は、そのまま直接的な戦争の原因とはならないが、この構造的な原因を発火させる原因が必要である。じつは、人間社会は計画どおりに情勢が進まないものである。『戦争論』の著者クラウゼヴィッツは未完成の研究論文において戦争における摩擦について論述しているが、それは国際社会における国家戦略の衝突が戦争として発火する現象を説明することにも適用できるだろう。

すなわち、国際関係における戦略的緊張や対立の一つひとつは単純である。しかし、この単純なものが解決するのは実行困難なものである。そして個々の困難が積み重なって国家戦略の遂行に経験の少ない者にとって想像ができないような〝摩擦〟を引き起こすのである。

国家という巨大な機械が個々の国民という無数の歯車や部品の総合体として動けば部品相互の動きに摩擦を発生する。

その摩擦とは、危険に対する恐怖、変化に対する未知への不安、肉体的苦痛、遅延、誤解、錯誤、幻想、錯乱、公務と私欲の混合、他国の不合理な決断、予期しない国際情勢の変化などであって時と場所を選ばず偶発する。ＩＴ時代になっても解決できるような摩擦ではない。

優れた国家指導者は、このような摩擦が発生することを覚悟しており、その摩擦がもたらす障害を克服できる者である。愚かな国家指導者は、たとえ摩擦が起きると知っていても、いざ無数の摩擦の山に直面すれば圧倒されてしまう。そして、戦争を発火させるか否かの決断の適否を誤るのである。つまるところ、〝恐怖と疑心が決断を誤らせる〟のである。クラウゼヴィッツの言葉を借りれば、

「実践と机上の空論の差は、まさにこの摩擦である」

ということになる。そしてもっとも重要なことは人間に関する本質的認識である。〝人間は賢明で正直であり、無欲で勇敢な人たち〟ばかりではないから、人間は合理的に判断も行動もしない。

「人間は弱く、はかなく、そのくせに欲張りで怖がり」

であり、そのかぎりは戦争は避けられない。戦場と同じように〝国際情勢の四分の三は霧の中〟なのだ。

第二章——二つの戦争学

一、無秩序の世界の政治学

最初に〃戦争学とは何だ?〃という一般的な問いに、答えなければならないだろう。われわれ人間は秩序の世界と無秩序の世界に生きている。

国際社会における最高主権者は「国家」である。もっとも第二次世界大戦後に国家ではない交戦団体が準国家的に取り扱われることになっているから、こと交戦行為に関してのみ国家的に扱わなければならない。

さて、国家の統治は「法」を手段とし、警察力をもって法の執行を担保している。

大規模な反乱やクーデター、暴動には軍隊という軍事力が法の執行を担保している。

国家における無秩序様相とは「国内戦」である。平和な日本では想定できないかも知れないが、世界ではしばしば国内戦が発生している。そのような国内戦において成功を収めるには、どんな経験則が必要なのかは大きい研究テーマである。その研究内容は、少なくとも二つの分野に分かれることになる。

それは国内戦を戦う武力集団が勝利を獲得するための経験則であり、もう一つは、内戦の嵐の中で国民がもっとも犠牲を少なくし、かつ、応援する武力集団に協力する方法である。

もちろん、国家の伝統文化と国民の価値観に及ぼす影響も考察する必要がある。国内戦の前後における社会様相は一般的に激変する。

これに対して国際社会は、多数の国家が対等の立場で国益を追求するが、国際社会には国家よりも上位の権威が存在しないため、国家関係の様相は、次の三つに区分されよう。

＊平和関係（条約、協定）
＊不和関係（無条約・無協定、不信、緊張、対立）
＊戦争関係

国際法の本質は、調整・約束であって、かつてのソ連の独裁者スターリンに言わせれば、

「条約や協定は、世界共産革命の戦略の手段に過ぎない」

という地位でしかない。こうしてみると国際社会は基本的に強制法が存在しない無秩序の世界である。したがって広義の戦争学が研究する分野は主として無秩序における経験則の研究にほかならない。

このうち、平和と不和の分野の研究は、主として「国際政治学」が担当することになるから、「戦争学」は国内戦を含めて主として戦争の分野に焦点を合わせることになるが、不和の領域は国際政治学と戦争学が重複することになる。不和の領域では、戦争学は戦争準備と外交の担保について研究することになり、国際政治学は戦争に至らないで政治的影響力を行使・拡張する経験則を研究することになる。

国際社会において人々が安穏として平和に暮らせるのは、わずかの隙間期間である。そこで人間が編み出した智恵は、少なくとも平和と不和と戦争のうち、平和・不和と戦争の区切りを明確にするために「宣戦布告」と「講和条約」を行なうことであった。

ところが国際連合が結成されて国際紛争を解決する手段としての戦争を否定することになったので、宣戦布告が消えてしまった。これは戦争が避けられないものであるこ

以上、人類の歴史にとって不幸なことであると思われる。

今日、宣戦布告に代わるものとして、曖昧な形で「国連安保理決議」が使われているが、安保理において決議できない場合における戦争と平和の区切りは不明確となっている。これは、世界の諸国にとって「平和時における有事即応計画（Contingency Plan）と態勢」を要求する結果となっている。

二、社会学としての戦争学

〔一般的知識〕

戦争学には、二つの分野がある。一つは無秩序の世界を少なくする学問であり、もう一つは無秩序の世界で生き抜く学問である。前者は社会学としての戦争学であり、後者は軍人の戦争学である。

住宅についての知識において一般国民と、いざ住宅建設を注文しようとする人の知識に差が生ずるのは当然である。社会学としての戦争に関する知識も、直接戦争に関係のない国民の知識と、国家の指導者として戦争に備える人々の知識に差を生ずることは当然である。

まして戦争を実行する軍人と政治家との知識には雲泥の差が存在して当然である。あたかも住宅建設を注文する施主と、建築を請け負って設計施工する建築業者の知識には大きい差があるのは当然であることと同じである。

それでも国民が健康を希求するなら、家庭医学辞典レベルの知識を持ち合わせていることが必要であることと同じように、平和を希求するなら、人間の歴史的経験としての戦争に関する社会学的知識を持ち合わせることは不可欠である。

フランスの法学者・政治学者であるガストン・ブートゥールは、著書『戦争』（前出）の序章において、人間は戦争がどんなものか、その本質、作用、役割について概略の知識も持ち合わせていないと嘆いている。訳者の人たちは、彼の主張について歴史的な観察が欠けていると批評しながらも、戦争を科学する必要性を認めている。

ブートゥールは、

「われわれは、病気が何であるかを知る前に、早く薬を見つけようとしがちであるし、物事を知る前に信じがちである」

と警句を残している。戦争理念の歴史、戦争現象の特性、戦争の経済的・人工的・民俗学的・心理的側面についての知識は一般的国民として学んでおくことが重要である。さらに開戦の戦略的理由（利・不利）――善悪の法律的思考ではない――を批判する知識が必要である。

戦争の理念についての宗教学的認識は、「神の命令」であるとするのが一般的である。哲学的認識では戦争を否定したものは少ない。少なくとも第一次世界大戦の終わりまでは、

「（戦略的に）必要な戦争は正当な戦争」（マキャベリ）

とされていた。〝話し合い〟は、強制力も拘束力もない。話し合いの産物である協定や条約は、国益と軍事力が調和しているかぎり守られ、花や少女のように美しいかぎり守られる。しかし、条約が国益から見て美しさを失い、軍事力と不均衡になれば、たちまち踏みにじられる。

〝条約は破るために締結する〟といったのはスターリンである。とにかく、話し合いで妥協が得られなければ、戦争によって懸案を解決しなければならない。歴史の教訓に従えば、懸案解決の先延ばしは、より大きい戦争の原因になる。つまり、

「戦争は他の手段をもって行なう政治の継続にほかならない」（クラウゼヴィッツ）

それゆえ、戦争を放棄することは政治を放棄することである。その意味で憲法九条に固執する今日の日本は、国際政治を放棄していると自覚しなければならない。

戦争現象について言えば、その最大の特色は、戦争は組織体の暴力活動であり、個人の喧嘩とはまったく異質なものであるというのが世界の常識である。

戦争を暴力活動であると厳密に定義すれば、「冷戦」は戦争の範疇（はんちゅう）には入らない。国際政治を「Talk and Fight」とすれば、冷戦は未だ〝Talk〟の領域であるとするのが妥当であろう。

戦争の理由を物質的利害に求める人々は戦争による災害と戦果を比較し、人智と文明が進歩すれば戦争は減少すると述べているが、戦争の理由を精神的利害に求める人たちは、勝利の栄冠を戴（いただ）くためには物質的損害を厭（いと）わない。彼らは国滅びても山河に国家再興のために〝敢闘〟という精神的苗木を植える選択を行なう。この後者が人類の歴史である。

究極のところ、国家の名誉と自由（独立）は、国民の生命・財産よりも重視するのは理屈を越えた経験則なのである。屈辱の平和は甘美ではない。

こうして、国益において物質的利益よりも精神的利益をより重視するのが歴史的常識であるから、算盤（そろばん）勘定で戦争を論ずることはナンセンスである。

戦争の期間についてみれば、人類は戦争と平和の曖昧さを嫌って戦争の期間を明示する智恵を第一次世界大戦まで経験則として残してきた。古代ローマ帝国は、戦争の開始における宣戦布告を正義のための儀式とした。そして戦争の終わりは、講和条約の締結としたのである。

第一次世界大戦のあと、〝どんな戦争も悪である〟という非科学的な道徳論が〝正当な戦争〟論を日陰者にしてしまった。そして、宣戦布告が第二次世界大戦を最後として姿を消した。

これは人類が行なった愚行の一つであろう。そのために第二次世界大戦のあとは戦争の開始が曖昧になり、戦争と平和の期間的区別がなくなってしまった。そこで世界の国々は、平和時においても軍隊を有事即応態勢に置くという不経済、かつ偶発的軍事紛争の可能性を高めているのである。

この世界の常識に従えば、日本にとって日米戦争の終わりは、一九五一年九月八日のサンフランシスコ講和条約締結の時点である。一九四五年八月一五日は、軍事力行使を停止するという軍隊の無条件降伏とポツダム宣言を受諾するという政府の仮約束の日に過ぎない。歴史の例に観(み)れば、降伏という約束を破って作戦を再開する例があり、米軍は一九四五年八月から一九五一年九月まで六年間、「軍事占領という作戦行動」を行なったのである。

問題は、日本と米国の戦争開始に関する認識の違いにある。日米ともに宣戦布告したのは一九四一年一二月であるが、フランクリン・ルーズベルト米大統領は、一九三七年から対日戦争を開始していた（The Encyclopedia of Military History およびライシャワーの日本史）。日米両軍が直接に戦闘を開始したということと戦争の開始は別な話である。

世界には、国家の数だけ違った正義（口実）が存在する。それぞれの正義は、国家戦略の遂行のためのものにほかならない。世界の国々は相互に国家戦略を持つことが常識であり、その遂行が正義であるから、相互に正義を認めることも第一次世界大戦のベルサイユ講和条約までは常識であった。戦争による損害は、相互が自分で償うのが常識で、勝者は戦争の損害の償いをすべて敗者に負わせることはなかったのだ。もっとも重要な認識は、〝戦争は犯罪ではない〟である。

ところが、ベルサイユ講和条約は、「勝てば裁判官、負ければ犯罪者」の認識を戦争に持ち込んだ。これは騎士道をないがしろにして、戦争は悪であるとする非科学的認識の鬼っ子であった。戦争には、勝者にも敗者にも国家戦略の正義と理由――正当性と開戦口実――が存在していることを、人類の歴史の教訓として認めなければならない。

［指導者としての知識］

シナ大陸の歴代王朝の皇帝と日本の天皇は、戦争においても戦場で直接作戦を指揮することはなかった。歴史の浅い米国の大統領も同様である。

しかし、人類二六〇〇年間の軍事史を紐解けば、大部分の国王など国家の最高権力者（以下記述上、国王とする）は戦争において自ら戦場の陣頭に立って作戦を指揮した。国内政治の執行は宰相が行なった。

当時の国王は国家戦略にもとづいて外交権と軍隊に対する政治指揮権（軍政）および運用指揮権（軍令）を行使していた。彼らは住宅建設になぞらえれば、施主と棟梁の両方の識能を身につけていたのである。

しかし、内政が多忙になるにつれて国王は軍事に関して国王の代理者を任命して元帥（軍人）とし、軍隊の軍令権を与えて戦場に送り出した。国王の手元には、外交権と軍隊に対する軍政権だけが残った。国王の識能は軍隊の組織と運用には必要がなくなったのだ。

戦争は他の手段をもってする政治の継続なら、国王は軍隊に対して適切に軍政する能力が求められることになる。

国王は軍令権を元帥に委任したとしても、軍隊に対し「統帥＝統御＋軍政」を行なう責務がある。だから、国王としての最重要課題は「統御」する能力である。統御力とは、軍隊を構成するすべての軍人が仰ぎ見る富士山のように尊敬と偉大さを感ずるような感化能力である。

国家の指導者が戦場において生死を賭けて戦う兵士から人格を疑われるようであれば、指導者としての戦争に関する知識をうんぬんする以前の問題として、戦争を指導する資格がないことにほかならない。

それゆえ、国王は戦争指導者に値する人格は何か（帝王学）を勉強することが第一である。国体の政権システムとして首相の座に就いたとしても、戦争指導者としての人格がなければ軍隊は動かない。

法的権威は、法の枠外の世界では通用しないのである。そこで通用する指導者の権威は、「力の管理者」というカリスマ的権威である。政治の具体的な執行手段は「法」であるが、戦争は法の外側の世界である。そこに働く手段は「力」の論理を理解することが必要になる。

国王は手元に残った対外政策権のうち、外交（Talk）権を駆使して国家戦略の布石を行なうことになる。

国家戦略における外交の基本は、「勢力均衡政策」を行なうことである。端的に言えば、〝隣に強国を作らせない〟である。その方策は国家戦略が衝突する国々（以下、相手国と記述）を国際的に孤立に追い込むことである。

その手段・方法の第一は同盟政策である。相手国の同盟関係を分断し、自国の同盟国を増やすことにほかならない。数多くの同調者を得るためには、つとめて普遍的な価値にもとづく正義を唱えることであり、相手国の不正義を国際社会に訴えることである。

同調国を得る普遍的な正義は、〝理想論〟という机上の空論で造られる。しかし、一方では現実の国益を追求する外交を展開するから、外交の巧みさは理想と現実の〝二枚舌〟を駆使することになる。相手国も二枚舌を使うから、国際外交の本質は、四枚舌が主導権を争うことである。

主導権を争う外交には、交渉のための〝取引材料〟が必要である。既得権益を取引材料に使うことは国益の損失である。だから巧妙に取引材料を見つけるか、作り出さなければならない。見つけ出す取引材料は、通常、相手国の弱点である。

例えば一八世紀のプロシャ国王フレデリック大王は、巨大な隣国——神聖ローマ帝国の立場に対しては選挙公という臣下——オーストリア帝国に対して女帝マリア・テレサが臣下の選挙公から帝位継承ルールを承認されることを求めていたのに乗じて、その承認を取引材料にした。

例えば、今日、拉致犯罪国家である北朝鮮に経済支援し、友好的態度をとることは共犯国家であると世界に宣伝することで間違いなく取引材料になるだろう。

もう一つの方法は既成事実を作り出すことである。しかし、既成事実は〝Talk〟ではできない。外交には強制力も拘束力もないからである。

歴史に学べば、既成事実は軍事力によって作られる。例えば、今日、韓国が竹島を占領し、ロシアは北方四島を領土・領海と主張して日本漁船を拿捕し、中国が日本の排他的経済水域において天然ガスを泥棒することであり、北朝鮮が公然とミサイル発射や核実験で日本を恫喝することである。

そこで国王は外交を軍事と組み合わせて運用することになる。外交だけでは相手国が意図的に作る既成事実を阻止し、排除できないし、相手国に対して既成事実を作ることもできない。だから国王には国家戦略を遂行するために外交と軍事を車の両輪として運用する才覚が求められる。

第二次世界大戦後の日本の政治家は、この才覚を使わなかった。〝蝿が手をする、脚をする〟の揉み手外交しか行なわなかった。才覚がなかったとは言えないかも知れないが、その気力がなかった。

それは、「戦争を放棄」した被占領憲法にもとづくものだと弁明する政治家もいるが、それは論理的に過ち（あやま）を犯した弁明である。

憲法（Constitution）とは、国体＝国家の構造を規定するが、国家戦略については規定していない。現行の日本憲法は国際社会が戦略関係ではないという認識で規定しているから、国際社会の現実から乖離（かいり）している。

すなわち、憲法における戦争放棄は、〝平和を愛する諸国民の公正と信義に信頼してわれらの安全と生存を保持しようと決意して〟国家の構造にとり入れさせられたものである。この前提が崩れれば、国体が戦争力という筋力を持たないために茫然として寝て暮らすしか仕方がないわけで、国際社会を歩けない。

すなわち国民が拉致され、主権が侵されても仕方がない国でよいという決意にほかならない。少なくとも現実の世界は、日本憲法前文の外側の領域である。だから第九条は、この領域では効力がない。

スイスの民間防衛マニュアルが示す国際社会の認識は、

「今日のこの世界は、何人の安全も保障していない。――（中略）――絶えず変動しているとしか思えない国際情勢を、ことさら劇的に描いてみるのはやめよう。最小限度言い得ることは、世界がわれわれの望むようには少しもうまくいっていない、ということである。危機は潜在している。恐怖の上に保たれている均衡は、十分に安全を保障していない。とかく恒久平和を信じたいものだが、それに向かって進んでいると示してくれるものは何もない」

日本憲法の前提と正反対である。戦争力のない国家は国際社会に迷惑をもたらすだけで滅亡する。

「もし、金持ちが無防備でいるなら、武装した野盗の餌食だ」（マキャベリ）という歴史の実例は、枚挙にいとまがない。

憲法は「国のかたち」を定めているが、「国家生存の方策」を規定していない。だから、憲法をもって国家戦略を論ずることは筋違いである。

大日本帝国憲法は、わずか五八年の寿命であった。今日の日本被占領憲法は、無改正という点では世界最古の憲法である。世界諸国の憲法は国家戦略の遂行に適合するように改正されているのだ。

戦争放棄は国際政治の放棄である。そして国家戦略の放棄でもある。外交評論家の岡本行夫氏の見方に賛同すれば、戦後の日本は安全保障外交政策のないまま、行き当たりバッタリで国際社会を漂流してきたのである。

それにしても、交渉のための既成事実を作るためには、国王は軍事に対して政治目的を付与しなければならない。国家が他国から軍事力によって侵害されることは、いつ発生するかも知れない。国王は一瞬の将来における国家の安全を脅かす不測事態に対処するために、国家の軍事力の行使を預かる軍人に対して適切な政治目的を指示する能力が必要である。

もし「専守防衛」を政治の軍事に対する指針として受け取れば、その答えは第二次世界大戦のマジノ要塞線に似ているが、その場合でもフランスは国防戦争をマジノ線の外側に計画していた。

戦争に備えることは一朝一夕にできることではない。軍人が戦闘ドクトリンを研究開発し、それにもとづいて編制・装備を定め、兵器を開発するのに一〇年を必要とする。そして開発された兵器を調達して部隊に配分・充足し、その兵器を使って実験演習を行ない、その成果にもとづき戦闘マニュアルを作成し、そのマニュアルによって兵士と部隊を訓練するには一〇年を必要とする。

この手順を踏まなければ、戦争において、あたら将兵となる国民に無駄な血を流させることになる。結局、国家が将来に起きるかも知れない戦争に備える時間的スパンは、一般的に二〇年を必要とする。

それだけではない。万一、戦争になれば、たちまち将兵・装備、軍需品に損害が発生する。二〇年後以降に戦争が要求する兵力量は現在時点において予測できない。歴史的なデータを収集し、損害発生率を把握し、それに見合うだけの戦時における戦力増強方策を平時から準備しなければならない。

いわゆる人的・物的戦時動員の準備である。国王はこのような施策に適切な政治指示を示す識能を保持し、実行する気力を持つことが最低限の資質である。これが民間防衛と並ぶもう一つの有事法制なのだ。

万一、国家戦略の衝突を外交によって机の上で解決できなければ、軍事によって戦場において解決しなければならない。そのときに国王は軍令権を行使する元帥（軍人）に対して政治目的を明示する責任がある。

そのような政治目的において、平時から明示しておく基本的なものは、「国防線」の設定である。古代ローマ帝国の初代皇帝オクタビアヌスは西欧の国境線をライン河の線とした。そしてその外側に国防戦争のための戦域を想定し、これを緩衝（かんしょう）地帯とした。この緩衝地帯の外縁をエルベ河とし、これを国防線と設定した。

この国防線と国境線の間で当時のゲルマン民族が戦争の構えを行なうと、ローマ軍は国境から出撃して撃破した。先制予防攻撃である。このような国境線と先制予防攻撃は自衛のための国防戦争として世界の常識となっている。

一六世紀後半にドレイク提督の指揮する英海軍がスペインの無敵艦隊を撃破した。そのドレイクは、

「英国の国防線は、英国の海岸でもなければ英国海峡の真ん中でもない。それは大陸側の港の背中にある」

と名言を残した。今日、北京政権は中国の太平洋側の第一国防線は、東京から南西諸島を経て台湾を結ぶ線であり、第二国防線は東京から硫黄島を経てマーシャル列島に沿う線であると公言している。

日本の国防線は、カムチャッカ半島からシベリア沿岸、朝鮮半島、シナ大陸の沿岸を結ぶ線でなければならない。このような国防線の設定を侵略的というのは戦争学に無知な証拠であり、国防のための緩衝地帯とその国防線は隣接国家相互に重なり合うのが世界の常識である。

政治家として慎(つつし)まなければならない戦争指導は軍人の遂行する軍令事項への干渉である。これは『孫子の兵法』を始めとするすべての戦争論が戒めている。

米国は、しばしば誤ったシビリアン・コントロールによって兵士の生命を無駄に失った。例えば、アメリカの独立戦争において戦争指導部は首都が危なくなると逃亡

オホーツク海
ベーリング海
カムチャッカ半島
樺太
アリューシャン列島
ハバロフスク
ウラジオストク
千島列島
日本海
大阪
東京
太平洋
伊豆諸島
小笠原諸島
第2戦略的国境
ミッドウエー諸島
南鳥島
ウェーク島
マリアナ諸島
サイパン島
グアム島
エニウェトク環礁
ビキニ環礁
トラック諸島
ポンペイ島
マーシャル諸島
カロリン諸島

中国の国防線

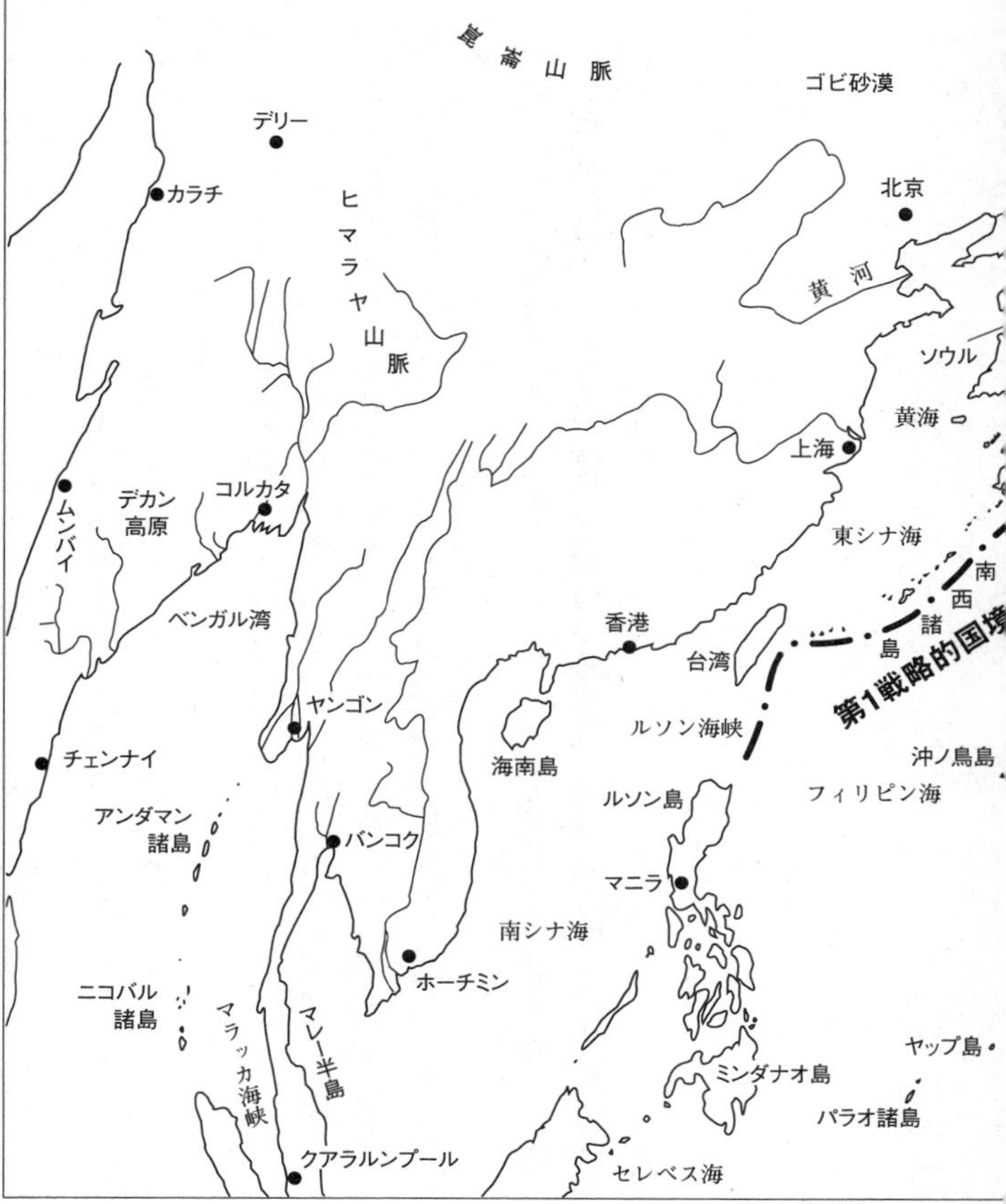

崑崙山脈
ゴビ砂漠
デリー
カラチ
ヒマラヤ山脈
北京
黄河
ソウル
黄海
上海
ムンバイ
デカン高原
コルカタ
東シナ海
南西諸島
第1戦略的国境
ベンガル湾
香港
台湾
ヤンゴン
ルソン海峡
沖ノ鳥島
チェンナイ
海南島
ルソン島
フィリピン海
アンダマン諸島
バンコク
マニラ
南シナ海
ホーチミン
ニコバル諸島
マラッカ海峡
マレー半島
ヤップ島
ミンダナオ島
パラオ諸島
クアラルンプール
セレベス海

し、国家の全権を二度にわたって総司令官ワシントンに預けた。ワシントンは作戦のもっとも重要なときに作戦と政治を果たさなければならないようになった。

南北戦争においては、リンカーン大統領は首都の防衛にこだわって作戦に介入し、半年で終わると見積もられた戦争を四年間も続けることにした。

朝鮮戦争では、トルーマン大統領が国境である鴨緑江以遠への爆撃と警戒部隊の派遣を禁止して、朝鮮戦争を「勝利なき戦争」にしてしまった。国境線は政治境界であって、軍事的合理性にもとづく作戦境界ではない。鴨緑江の渡河を阻止するためには、軍事的に対岸を制しなければ不可能である。

ベトナム戦争では、政治家がホワイトハウスで作戦地図を開いて作戦を議論した。あたかも住宅建設において、施主が建設工事の手順を細かく議論して干渉するのと同じで、これでは工事が成功するわけがない。

このようなことは国家の指導者として戒めるべき当然の戦争学である。

三、軍人の戦争学

［軍隊の使命］

軍人は、軍隊の歴史的な誕生から軍隊のもっている使命を学ぶ必要がある。軍事は法の外側における人間活動であるから、軍隊は本質的に法によって統治される国家の外側に存在した一種の戦争機械である（「戦争装置としての国家」比較法史研究第一二巻）。皇帝や国王は、この戦争機械を国家に取り込んで政治の手段としたのである。

それゆえ、一六四五年、英国議会は「滅私奉公法」を制定し、将校が政治に参画することと政治家や政党が私兵を持つことを禁止した。軍事力を持つものが政治という法権力を併せ握ることは、独裁者を作ることになるからである。その逆も同じである。中国共産党が軍隊を持ったから独裁政権を造っている。もちろん、政治家が権力の野望と財力の欲望を追求することも禁止した。

人間は二メートルに満たない体躯の中に、美しい希望と逞しい野望と卑しい欲望を一杯に詰め込んでいる。そこで英国議会は軍人が野望と欲望を追求しないように、軍人に対し、貴族に次ぐ社会的地位を与え、美しい希望のみを追求させることにした。騎士道を磨くことである。この制度は世界に普及することになった。

軍隊の使命は、「勝つ」ことである。その忠誠は、国家に対する忠誠よりも基本的に「腕前」に忠誠を置く。国家の手段（国軍）となったときに、初めて国家に対する忠誠が発生する。端的に言えば、「傭兵部隊」がその例である。国家に対する忠誠は政権や政党に対する忠誠ではない。スイス傭兵やドイツ傭兵ランツクネヒト、フランスの自由中隊は、その典型的な例である。

それゆえ、世界中の軍人たちは敵対関係にないかぎり、同僚としての友情と強さに対する尊敬を交換する。あたかも中世の石工たちが国境を越えて働き、同僚として結ばれたフリーメイソンに似た関係になる。歴史を通してみれば、しばしば軍人たちが国境を越えて、他国の軍隊に雇われて活躍した。

国家の軍隊の忠誠は、政権や政党に対するものではない以上、そして軍隊は法（憲法）の外側で活動するから、その組織と運用は原則的に自由である。

だから軍隊は国家の存亡に責任を持つ。時の政権が国家を滅亡させるような決断を行なったときには抗命して戦争を継続する。例えば、フランスのドゴール将軍は政府の命令に反してドイツに対し戦争を続けた。イラクのフセイン政権は崩壊したが、イラク政府の命令に反して元イラク軍将兵は戦争を継続している。

それゆえ、相手政権が降伏しても、その軍隊が降伏しないかぎり、優勢側の軍は攻撃の手を緩めない。軍隊のこのような使命は本質的なものであるので、講和条約の締結においては政府の代表者と元帥（軍の最高指揮官）が調印するのが世界の常識である。

「軍隊の本質的な使命は、敵軍を撃破すること」であり、それ以上でもそれ以下でもない。占領地行政、治安維持、民政支援、災害救助、国民防護は付加的な任務である。軍隊は敵軍を撃破することによって、間接的に国家・国民を防護するのである。だから銃後の国民は軍隊が戦争に全力を傾注できるように自分自身で防護する。この実例がスイスの民間防衛であり、欧米諸国の予備役軍システムであり、米国州兵システムである。

このような軍の本質的使命をもっともよく理解していたのがジンギス・カーンであった。そうでなければ、わずか一二万に満たない兵力をもって世界最大の版図を持つ征服を達成することができなかった。彼は占領地支配に軍隊を使用しなかった。わずかの監視兵を配置し、降伏した政府には、〝もし、ふたたび反抗すれば撃滅・抹殺するぞ〟との言葉を残して占領地から軍を引き揚げて転戦した。

彼の戦例から学べば、今日、米軍がイラクに多くの部隊を駐留させて治安維持に使用しているのは効率的ではない。NATOの国際治安支援部隊（ISAF）も同様である。国家の再建をイラク人、アフガン人に任せればよく、もし、反米・反NATO政権が再建されれば、ふたたび攻撃して撃破すれば済むことである。

ヒトラーも、この軍隊の使命を理解していなかった。彼はソ連軍を作戦目標とせず、カフカスの石油資源の占領に軍を投入して、ソ連軍に戦力回復の猶予時間を与えてしまったのだ。

第一次世界大戦後、航空機が戦場に出現して「戦略爆撃論」が流行した。軍事力をもって相手国の非軍事力である国民を殺戮し、産業を破壊して国家の戦争力を奪おうという理論である。しかし、これは軍事力の非効率的運用にほかならない。そんなところに軍事力を使用するよりも、敵軍の撃破に集中することが効率的である（〝砂漠の狐〟ロンメル元帥の批評）。

ところが戦略爆撃論は、広島・長崎への原爆投下によって日本が降伏したことから、今日においても世界の軍事界に亡霊のように漂っている。それは戦略核ミサイルによる都市・産業攻撃の恐怖である。

一九三五年、フランクリン・ルーズベルト米大統領が対日戦争開始を決断し、二〇〇万の米連邦陸軍の動員計画作成を参謀本部に命じたとき、その作戦計画と動員計画がすぐに参謀本部から提出されて驚いて喜んだ。

じつは、米国の世論がもはや世界に第一次世界大戦のような戦争は発生しないと平和に酔っていた一九二一年に、米連邦陸軍参謀本部は政府の命令に反して連邦陸軍がわずか一六万であったにもかかわらず対日戦争計画を修正して、二〇〇万の戦時動員計画とこれをベースにした戦争計画オレンジを作成していたのである。これがアメリカの軍人魂であった。

日本では、有事対処の「三矢研究」を行なった自衛官を政治家や官僚はシビリアン・コントロール違反と称して処罰した。三矢研究は自衛官の当然の使命であって、シビリアン・コントロールに違反したのは処罰した政治家・官僚である。

［技なくして術なし、術なくして策なし］

戦場において勝利を獲得する要素は、

(1)　優れた戦闘ドクトリン
(2)　良質の軍事力
(3)　鋭い戦術と巧みな戦略

(4) 指揮官の強力な統帥力

である。あらゆる闘技には、選手に得意技があり、選手はその得意技を駆使できるように彼我の態勢を作る。そして得意技で相手を倒す。戦闘も同様である。戦術は〝造り〟と〝技かけ〟であると言われる所以(ゆえん)である。

もう少しプロ的に言わせれば、

「戦いの機能は、発見、拘束、機動、打撃の四機能である」

ということになる。

ところが紀元前五〇〇年ごろに書かれたとされている孫武の『孫子の兵法』を始めとし、世界には数多くの戦争論があるが、これらの戦争論に共通して触れられていないことは、闘技における得意技に相当する「戦闘ドクトリン」である。なぜなら、戦闘ドクトリンは科学の進歩とともに、また、自国の特性によって普遍的な理論で説明することが難しいからである。

例えば、良質な騎馬を入手できたマケドニアでは、カンパニオン騎兵の能力を活用したマケドニアン・ファランクスを開発できたが、良馬を大量に入手できなかったローマ軍は歩兵を主体とする戦闘ドクトリン「レギオン・システム」を開発することになったからである。

これらの歴史的変遷を追体験することなく戦闘ドクトリンは理解できない。例えば、テーベのエパミノンダスの斜向陣、マケドニアのフィリップ二世とアレキサンダー大王が駆使したマケドニアン・ファランクス、ローマ軍のレギオン・システム、ジンギス・カーンのトウマン、スペイン方陣、グスタフ・アドルフの三兵戦術とフレデリック大王による改善、グーデリアンの電撃戦、米軍のエア・ランド・バトルなどである。得意技は数多く持つ必要はない。ジンギス・カーンもフレデリック大王も、たった一つの戦闘ドクトリンを鉄の規律で守らせた。

軍人が生命を賭けて研究開発するものは、この戦闘ドクトリンである。次いで軍人が腕を磨くものは戦闘ドクトリンを駆使して戦う戦場における「戦術」である。戦術とは、戦場において最大のリスクに挑戦し、最大の勝利を獲得する術といえる。

この戦術の練磨には、数多くの戦例の研究、軍事図書による知識の習得のほか、図上演習、現地研究演習、実動部隊による訓練・演習のほか、観戦武官として実戦から学ぶことになる。

勝利を容易にするように、究極的に決定的な戦場に戦力を集中する策略は「戦略」である。広大な戦域において展開する戦略も究極的目標は、これである。そして戦術で勝利する。だから戦術能力がなければ折角（せっかく）の戦略も意味がない。戦術なくして戦略が成り立たないのである。

戦略とは、戦場における勝利のためのリスクを最小限にするように事前に準備し、また、戦場における勝利の果実を最大限に活用する策略ということができよう。

戦術と戦略は、二つの要素の組み合わせである。それは戦略的には決戦と持久戦であり、戦術的には攻撃と防御である。わが国の防衛政策で言われている「専守防衛」とは、政治用語であって戦争学には存在しない。住んでいる世界が違う場所の用語である。

もし専守防衛が軍隊に示した政治指針として国防線を領土・領海に引くのなら、国土の全沿岸に要塞を構築して蟻一匹入れないようにし、主要軍事施設と都市は防空網で守らなければならない。そんなことは不可能といって差し支えない。

軍人が習得しなければならない戦争学は数多くの戦争論の名著に記述されている通りである。軍人は学者ではない。戦場において勝利を獲得する実行者である。だから、フランス語で言われる“coup d'oeil”（戦局眼）と“courage d'esprit”（決断力）及び“沈着・冷静”を体得することである。これは理屈では得られない。実習によって習得するものである。

しかし、軍人もまた、勝利を追求することのみでなく、より広い視野から社会学としての戦争学を自己研鑽（けんさん）しなければ、政治と軍事の関係や軍事と経済の関係が理解できない。

第三章——戦争学から見た敗戦

一、敗戦の一般的特性

「敗戦とは、国家にどんな影響を及ぼすのか」を観察することは、社会学としての戦争学の重要な課題である。

戦争は人間活動のうちもっとも強烈で、果敢な文明伝達の方式である。軍事力によって相手国の価値観を破壊する。そして勝者は誇らしく文化を展示して流行らせる。

軍隊ですら優勢な国家の様式を取り入れる。例えば、パキスタン軍の作戦図の書き方は米軍と同じであるが、インド軍は英軍式である。日本帝国軍と米軍の影響が濃い自衛隊と韓国軍では作戦図の表現が異なる。中国共産党軍および北朝鮮軍とソ連軍は同じである。

ドイツ軍も戦前と現在では、まったく違った方式を使用している。作戦図の表現は、それぞれ軍事行動の違いを意味している。

現在のイラクにおける英軍と米軍の占領地域におけるイラクゲリラの活動の原因は、おそらく作戦図の違いから発生していると思われる。

英軍方式では、作戦部隊は戦闘行動境界内における敵軍掃討責任を有するが、米軍方式ではその責任はなく、敵軍主力を撃破してから別作戦として掃討することになるからゲリラが戦闘地域に残置されることになる。

攻撃目標の表現も異なり、作戦行動の意味も違う。戦前のドイツ軍の方式では、攻撃進展速度は最大になるが、進撃地域には撃破された多くのソ連敗残兵が残り、彼らがゲリラになった。

前出のブートゥール氏は、

「戦争の後で、どの国が真の戦勝国であるかを見極めるには、戦争後の数年間、世界の軍服スタイルを見るにかぎる。例えば、ナポレオン時代に続く数年にはフランスの軍服が手本になった。第一次世界大戦後には、英国の軍服が手本になった。また、今日では米軍とソ連軍が手本になっている。一口で言えば、戦争は社会生活の移行（変化）のもっともいちじるしい様式である」と観察している。古代ローマ軍は、占領地に対してローマ文化を政策的に普及した。そして在来の文化を否定し、ローマ帝国への同化を図った。そのようにすることによって、真の意味での占領・征服地の併合を図ったのである。

戦前、日本が一八九五年に清王朝から割譲を受けた台湾、ついで一九一〇年に李氏朝鮮王朝と併合条約の締結によって朝鮮半島を日本とし日本文化を普及した。このような施策は世界の常識であって非難されるべきものではない。それは侵略行為ではないのだ。

重要なことは、韓国が独立したのちは自力で朝鮮民族の文化を回復すればよいことである。

台湾の人々の日本文化に対する認識と朝鮮民族の認識の違いは歴史にもとづく民族性に根源があると言える。

清王朝の没落にともなって始まった中国国民党と中国共産党の内戦は、ギネス・ブックの記録によると、五〇〇〇万人以上の血を流して中国共産党の勝利に終わった。それは中国人から宗教を取り上げ、中国文化は伝統的な体質が沈殿し、その上に価値観をイデオロギーに染め上げた。

同じように、米軍が行なった日本占領政策は、ローマ帝国の施策と同型であって、日本国民もアメリカ文化を歓迎することになった。米軍の占領作戦を非難することはナンセンスであって、戦争学から言えば当然の米軍の占領行為である。それよりも、その意味を客観的に認識することが重要である。

この経緯を戦争学的に見れば、米国の対日戦争は一九三七年に開始され、

第一段階　蔣介石軍による対日代理戦争　一九三七～一九四一年

第二段階　日米直接戦争　一九四一～一九四五年

第三段階　日本占領政策　一九四五～一九五一年

ということになる。第二次世界大戦における日米戦争は日本軍によるハワイ奇襲から始まり、原爆の投下によって一九四五年八月一五日に終わったのではない。そのような認識は間違っている。

米国が日米戦争の開始をハワイ奇襲とするのはルーズベルトが国民に告げずに国府軍を使って代理戦争を開始していたことを隠蔽（いんぺい）し、国民の戦意を高揚するための宣伝であった。また、降伏と講和を峻別して認識しなければならない。

講和条約締結後の日本人は、二つの選択肢があった。個人主義を基調とするアメリ

カ風自由・民主主義にドップリ浸り続けるか、アメリカ占領政策を放棄して日本の伝統文化を復興するかであった。

一八〇六年にナポレオンに占領され、フランスに併合されたプロシャでは、翌年に哲学者フィヒテが『ドイツ国民に告ぐ』（大津康訳　岩波文庫　一九四〇）を演説し、プロシャ精神復興の檄（げき）を飛ばした。

フィヒテは、自分の人生を大切にすることの意義について、現在生きている自分だけの幸せという欲望ではなく、先祖、親兄弟、子孫と共有してこそ価値がある幸福を説き、大切な人生とは、その生き方がどうであれ、だれにとっても大切な人生でなければならないと教えた。確かに自分だけの幸せは、摑んだと思った瞬間に虚しい幸せであることは真理である。

そしてプロシャ国民に対して、欧州人である前にプロシャ人であることの必要性と伝統を受け継ぐ「公」の教育が重要であるとした。この檄がプロシャを復興させたのである。

第二次世界大戦に敗れたドイツは、この精神を捨てなかった。今日もドイツ社会に脈々と生きている。

そのゲルマン魂とは質実剛健、勤勉、規律厳正であり、〝鉄は熱いうちに打て〟とする飴と鞭の教育である。

ゲルマンの伝統は、説教は強制力がないことを理解し、教育に強制力のある鞭が必要であることを認識していることである。

戦争学の視点で敗戦を観察すれば、敗戦は国家の歴史・伝統を分断する。だから戦後復興とは、歴史と伝統の復興でなければならない。

そこで講和後の日本はアメリカ文化の移入を選んだのか、日本の伝統文化の復興を選んだのかを振り返ってみよう。それには明治維新の日本と敗戦後の日本を概観することである。

二、明治の日本

一八五三年、四隻のアメリカ軍艦が日本の鎖国の門を叩いたとき、北からロシアが同じようにプチャーチンの率いる軍艦四隻が長崎に来航し鎖国の門を叩いた。その結果、不平等な日米修好通商条約を押し付けられた。

日本の西方、シナ大陸では人口約四億、その九〇パーセントが農民であった清王朝が、アヘン戦争（一八四〇～一八四二）の結末をつけるためにイギリスと南京条約を締結していた。この条約は、中国近代史の始まりであった。

清国は中華思想にもとづく朝貢貿易から、対等貿易の考え方を強引に受け入れさせられた。清国の伝統的な海禁（鎖国）政策から開国させられたのである。しかし、中国人も韓国人も西欧的国際秩序の考え方を受け入れられない。

清朝廷の権威が地に落ち、漢民族の民族主義に火がついたが、この条約の結果、イギリスは香港の割譲と五港における自由貿易とキリスト教布教の自由を獲得した。これは海洋国家の植民地獲得の常套手段である。

アヘン戦争に乗じて一八四四年にアメリカは望厦条約を、フランスは黄埔条約を締結したとはいえ、イギリスは揚子江（長江）河口から広東にいたるまでのシナ大陸への接近権を、ほぼ独占的に確保していた。これは、のちに日本の国家戦略の選択に大きい考慮事項となった。

それから一〇年、南部中国ではキリスト教が急速に広まった。そしてキリスト教を掲げる反政府運動が広東、広西を中心に燃え上がっていた。太平天国の乱（一八五一～一八六四年）である。そして六〇〇〇万の人が死んだ。

日本の徳川幕府の軍事力は西欧の軍事力に比して二〇〇年以上も時代遅れであった。

人口三〇〇〇万に満たない日本の将兵動員力は、アメリカ、ロシア、中国にはるかに及ばない。それから約一五年、明治維新（一八六八年）まで日本は攘夷派と開国派がぶつかって権力抗争に明け暮れた。当時の日本の指導者は場当たりの対症療法でなし崩し的に開国した。

清国では太平天国の乱を鎮圧するために各地に軍閥が誕生した。この内戦の最中に清軍とイギリス・フランス連合軍が衝突（アロー号事件：一八五六年）し、清軍が敗北してイギリス・アメリカ・ロシア・フランスと天津条約（一八五八年）を締結した。さらにロシアは清・ロ国境を定める愛琿条約を強要した。その上、イギリス・フランス連合軍は北京に攻め込んで北京条約（一八六〇年）を結んで列強の要求を貫徹した。列強の横暴に対して奮起した准軍軍閥の李鴻章は北洋大臣に就任するとともに鉄甲戦艦二隻を含む近代海軍の建設に全力をあげた。

この一五年間、日本に幸運なことに、イギリスはズール・ボーア戦争に忙しく、アメリカは南北戦争（一八六一～一八六五年）のために対外政策どころではなかった。ロシアは暖かい海への出口を求めて動きだし、まずシル・ダリア河流域を併合（一八五〇～五四年）し、さらにトルコの宗教的内戦に乗じてクリミア戦争（一八五三～一八五六年）を引き起こして挫折した。フランスとイギリスが介入してロシアの南下を阻止したのだった。

このころの欧米は植民地獲得競争の終末段階に入っていて、次の世界秩序への移行を準備しつつあったのだ。それは軍事史の第二の分水嶺に向かう準備であったといってよい。

このような準備は意識的に行なわれたのではない。国家のエネルギーの捌け口が変動した結果であった。西欧諸国と米国において、あらゆる分野の科学技術が進歩し、産業革命となって軍事力に大きな影響を与えていた。その結果、欧州内部においてパワーバランスの変化を生んでいた。

ナポレオン三世の第二帝政時代(一八五二～一八七〇年)が周辺諸国に対して主導権を握っていたが、ロシアとプロシャが国力を蓄え、フランスの主導権に挑戦しはじめていた。国民の活力を積分した国家力の消長が生み出す「覇権の均衡作用」である。

一方、アメリカでは、北部と南部があたかもそれぞれ擬似的に国家のように考えられて南北戦争を戦った。

本質は国家権力を争う国内戦であったから、北部の南部に対する戦争は「総力戦」であった。総力戦の特色の第一は、勝利のためには手段・方法を選ばないことであり、第二は相手国(擬似国家南部)の「無条件降伏＝滅亡」を求めることである。受けて立つ南部の戦争目的は「生存＝自衛」であった。

古来、軍隊が敵国軍隊に対し無条件降伏を求めることは軍事行動の常識であったが、国家の無条件降伏を要求することは非常識であって、それは相手国の滅亡にほかならない。

国家が無条件降伏すれば、敗戦国は政府の行政・司法・立法・外交・軍事の権利を奪われることになるから中央政府が消滅することにほかならない。残るのは各地方の自治体だけである。それも無条件降伏に含まれれば、個人個人しか残らない。外国に旅するにしても旅券を発行する機関もないから、

「国家の無条件降伏とは、究極的に人民を世界の流民（無国籍者）にすること」

である。北部は南部政権の存在を否定し、南部各州の法律は北部政権の憲法に従うことを要求したのだ。

南北戦争の原因は、「奴隷解放」という人道的理由ではなかった。北部の工業に黒人奴隷の労力を必要としたが、南部農業地帯が黒人奴隷四〇〇万を手放さなかった。しかも西部に広大な地域が手に入ったので、この地域の畜産・農業に黒人奴隷が投入されると、北部はますます奴隷という働き手が得られなくなると見積もられた。そこで南部の奴隷を北部産業地帯に移動させるために〝奴隷解放〟という口実を使っただ

けである。

この口実（北部の正義）は外国の内戦介入を阻止するのに役立った。だから南北戦争が終わっても、アメリカにおける黒人に対する人種差別は解消しなかった。

南部は大農業国家であった。生産物を海外に輸出し、海外から工業製品を輸入してバランスを図っていた。大農場は地域主義の社会になり、家族主義になって個人主義が薄れかかっていた。もちろん労働力は動かない。南部は独立採算が成り立つ国家のようであった。

一方、北部は工業国家になっていた。業種別社会で人間は利潤を求めて流動する。建国の精神である個人主義が躍動していた。

人口は北部が南部の二・五倍、工業力は北部が一〇倍。農地面積は北部が南部の三倍で、圧倒的に国力に差があった。しかし、北部には工業製品の輸出先が南部と西部で欧州と競合していた。だから、市場を失えば大打撃を受ける。すなわち、南部の独立を許して手放すことはできなかった。

一八六一年、南部は正副大統領を選出し、奴隷制と州権擁護憲法を制定して活動を開始するとともに、南軍はノースカロライナのチャールストンに設置されていた北軍のサムター要塞を攻略して戦争がはじまった。南部が先に銃を抜くように北部から圧迫を受けていたのである。アメリカ独特の「ガンマン戦略」にしてやられたのである。

ガンマン戦略とは、外交で相手を怒りの極地に追い詰めて、相手がガンに手をかければ速射ちによって倒し、いかにも正義であったかのように見せかける戦略である。

北部二二州の人口約二二〇〇万、南部一一州の人口七五〇万であった。しかし、当時のアメリカ連邦陸軍兵力一万六三六七名は、インディアン戦争のために大部分が西部に散らばっていた。正規将校のうち二八六名が南軍に移動し、七八〇名が北軍となった。

海軍は北軍が木造艦九〇隻を保有していたが、現役艦は四二隻であった。南軍には軍艦がゼロであったが、アメリカ海軍将校一三〇〇名のうち三二二名が南軍となった。正規将校数で見るかぎりアメリカ軍は、すでにこの時代から海軍国であったのだ。南軍は海軍の立ち上げに狂奔する。

南北アメリカは、直ちに徴兵制を敷いて軍の大動員を行なった。その打撃を大きく受けたのは、農業国の南部であったのはいうまでもない。

北軍は南部の貿易を封鎖した。

一八六四年、アメリカ北軍のシャーマン軍は、テネシー州のチャタヌガーからアトランタを経由してサヴァンナに突進した。その進撃路には虐殺と破壊だけが残った。

有名な小説・映画『風とともに去りぬ（Gone with The Wind）』の舞台タラの土地も、この進撃路の中にあったのだ。

そして一八六五年五月二九日、南北戦争は北部の勝利に終わった。南部が独立戦争以来、築いてきた文化・文明も風とともに消滅した。

北部の死者三六・四万、南部の死者二五・八万、南北の死傷者合計一〇〇万であった。

奴隷解放という建前のお題目からみれば、南北アメリカ大陸における奴隷制の国家一九のうち、南北戦争以前に奴隷制を廃止した国は一四ヵ国であったから、アメリカの南部は遅い。一八八八年にブラジルが奴隷制を廃止したから、植民地争奪の一九世紀は「奴隷制との戦いの時代」と言えなくもない。

植民地争奪の時代から次の時代への変化は、「列強戦国時代」への変化であった。

大ゲルマン主義に目覚めたプロシャは、鉄血宰相ビスマルクによって、「プロシャの軍備は、自衛のためであって他国を侵略するものではない」という平和軍備論で、実体はフランス、オーストリアに優る軍事力を造成するという戦略をとった。そして十分な軍事力が整うと、突然、オーストリア帝国にふたたび挑戦（一八六六年）して勝利し、遂にドイツ連邦国という大国になった。これを「ビスマルク戦略」と言う。

明治維新の日本政府が直面した国際情勢は、このように圧倒的な軍事力を背景にして正義と称する自国の価値観と文化を普及しようとする列強の覇権圧力であった。清国を除く列強は白人国家で、白人優越主義にもとづく人種差別を当然としていた。これに対して日本人は彼らを「毛唐」と呼んだ。毛深い中国（外国）人という意味である。日本人にとって白人国家と清国は超大国であったのだ。その日本と列強の国力差は列国の数十分の一であっただろう。

日本の指導者が国家の尊厳を列強に認めさせるために最初に全力を傾注したのは軍事力、特に海軍力の造成であった。そして日本人の伝統精神をもって西欧科学技術を導入しようと政策方針を定め、「和魂洋才」「脱亜入欧」を合言葉にして清王朝のように白人列強から惨め（みじ）な蚕食（さんしょく）を受けないために立ち上がった。近代日本の精神は、まさに明治維新にあったといってよい。

すなわち、それは世界の常識としての「富国強兵」である。明治日本と平成日本が連続していると認識すれば、明治維新は日本の政治家の政策原点であるはずだが……どうだろうか？

三、敗戦後の日本とドイツ

司馬遼太郎氏の言葉を借りれば、近代日本の建設に努力した明治の指導者たちは列強山脈の峠にかかる『坂の上の雲』を追って日清戦争で清国に勝利し、日露戦争でロシアに勝利して世界を驚かせた。黄色人種の国、日本が白人国家ロシアに勝利したのである。アジアの植民地の人々に勇気を与え、清国では民族主義運動が火の手を挙げた。

しかし、日本は連合国にポツダム宣言を受諾するとして第二次世界大戦に条件付き降伏した。そして日本軍は連合国軍に対し無条件降伏した。

歴史哲学者トインビー博士は、歴史に起きるこのような現象を、「創造―勝利―昏睡―敗北」の典型的なサイクルの実例であると述べている。日本に当てはめれば、創造（明治維新）―勝利（日清・日露戦争）―昏睡（第一次世界大戦）―敗北（第二次世界大戦）となるのかも知れない。

ところが、日本の同盟国として戦ったドイツ（第三帝国）は、ドイツ軍がフランスのランスにおいて連合軍に対して無条件降伏したが、連合国はナチス・ドイツの降伏を認めずに軍事占領した。ドイツ第三帝国は降伏せずに連合軍によって滅亡させられたのだ。そのあと占領軍がドイツの政治を行なった。やがて連合軍の都合によって現在のドイツ政府が作られた。新しいドイツ連邦である。

ドイツ第三帝国は滅亡したから連合国に対し降伏していないし、講和条約も結んでいない。したがって、戦争賠償を支払う義務もないから支払っていない。

しかし、ドイツ第三帝国の国民も新生ドイツ連邦の国民も同じである。ドイツ国民の立場から言えば、先代が倒産して後継者が新しい企業を興(おこ)したが、先代の借金だけは負債として残っているようなものである。しかし、そんな契約もしていないから、人道的良心によってナチスのドイツ国民であったユダヤ人とナチスの占領地のユダヤ人に対する虐殺に弔意金を支払っている。これは戦争賠償ではない。

国際社会の最高権威は国家であって連合国ではない。したがって、人道に対する罪は個々の国家が裁くことであって、国家の上位に存在する連合国が裁くものではない。

例えば、ナチス・ドイツのホロコーストはドイツが裁くもので、外国が裁く資格がない。ホロコーストで殺されたユダヤ人の数約五九四万は太平天国の乱で虐殺された中国人より少ない。太平天国の乱の犠牲者数は、第一次世界大戦における全世界の戦死者数六〇〇万より多い。

第二次世界大戦が終わってから中国共産党が国府政権に賛同する市民を虐殺した数は六五〇万を越えている。それにもかかわらず北京政権は人道に対する罪を認めていない。そして連合国は北京政権を人道に対する罪で裁こうともしていないし、裁く資格もない。広島・長崎の原爆被害者数は約七〇万である。この人道に対する罪は問われてもいない。世界はダブルスタンダードである。

今日のドイツ政府は連合国の都合で造られたものであるから、その現実を受け入れているふりをしているが、平和に対する罪などは認めていない。戦争は「喧嘩両成敗」だから、平和に対する罪があるなら連合国とドイツは半分半分で罪を背負わなければならないと心底で確信している。

それどころか新生ドイツ連邦国はホロコーストを自国の国益の損失を最小限にするために逆利用している。人道的償い（つぐない）とする被害者支援はドイツに対するほかの損害賠償要求をミニマムするために宣伝的に利用している。まことに巧妙な頭脳の回転である。

EU結成に対するドイツの努力は歴史的な目的による。大欧州国家を最初に目指したのはカロリンガ王朝のシャルマーニュ大王であった。次のトライはナポレオンであり、その次はヒトラーであった。いずれも失敗したが、今度は一八世紀におけるオーストリア帝国の名外相カウニッツが行なった外交革命「同盟の逆転」を地で行った。すなわちドイツとフランスが手を組んで大欧州大陸帝国（EU）を作ろうというのである。

これにはさすがのイギリスも戦力均衡政策を駆使できなかった。とりあえず仲間に入れてもらっているが、居心地はさしてよくない。EUの通貨統合に参加しないばかりか、基本的国防線を大陸側の港の背中に置くという姿勢は変えていない。（編集部注：イギリスは二〇二〇年にEUを離脱）

大欧州大陸帝国を結成する狙いは、超海洋大国アメリカに対して勢力（覇権）の均衡をとろうとするところにある。また、東側のロシアに対しては、その覇権領域を欧州に及ぼさせないように縄張りを張ることである。

新生ドイツの初代大統領アデナウアーは、新生ドイツ連邦が滅亡したヒトラーのドイツ第三帝国とは連続性がなく、本来のドイツ（プロシャ）とは連続しているという巧妙な論理を築き上げた。それが戦後政治家としての最大の責務と考えた。だからドイツ国民の拡大した自己認識ではプロシャの伝統文化と心底で繋（つな）がっている。「国家のもっとも真摯（しんし）な公僕は国王である」

としたフレデリック大王は、ドイツ人の父であると。そして、その夢を着々と実現しようとしている。覇権を追求するドイツ人の静かに燃える気概は強烈である。その富国強兵政策は、巧みに祖先の英知を見習っている。すなわち、ビスマルク戦略で富国強兵政策を隠しているのだ。

今日のドイツは敗戦から復興し、第三帝国を飛び越えてプロシャの歴史と伝統を復興したのである。

ドイツとともに第二次世界大戦を戦って敗北した日本は太平洋の彼方、超軍事大国アメリカの保護国になってしまった。冷戦時代には、北側の超軍事大国、独裁的大陸国家ソ連の脅威に直接さらされた。

そして西側のシナ大陸では、世界一の人口を有する中華人民共和国が戦略核ミサイルを含む巨大な軍事力を年々蓄積している。その軍備増強は自国の平和と安全を維持するという口実で、脅威と認識されることを拒絶している。いわゆるビスマルク戦略である。

冷戦時代に三つの大国に挟まれ、アメリカの保護国となって東西対立の最前線にあった日本は世界の覇権構造に一言も口出しできなかった。被占領憲法、日米安保条約と日米地位協定で縛り付けられていた。

日本の指導者は国家の尊厳を初めとする国益の主張に挑戦することを回避し、もっぱら国境とは関係のない経済の発展に努力した。「富国」政策のみの逃げの政治であった。国家の連続性を明らかにしなかった。多くの国民の思考――それは政治家やマスコミも――は、思考の原点を敗戦に置いているようだ。明治維新は遠くなってしまったのだ。

戦争は宣戦布告に始まって講和条約によって終わる。条件降伏や占領は休戦を意味するだけで、戦争終結を意味しないのが人類二六〇〇年の軍事史の常識である。もちろん、戦争裁判などは戦争の終わりを意味しない。一種の作戦行動である。今日の日本国憲法も占領という戦争の一部分の産物であって、被占領憲法と呼ぶのが正当である。

ところが政治家も多くの学者たちも、第二次世界大戦の犯人は戦犯だとすることによって国民を被害者にした。その結果、靖国の英霊の精神が安住する地を日本からなくしてしまった。どの町にも村にも英霊の碑さえなくなった。英霊は自分自身を戦争の被害者と考えれば、彼らの自己犠牲が虚しくなる。自己の否定である。そんな英霊はいない。彼らは祖国への献身に意義を見出している。靖国にある彼らのノートはウソではなく真実なのだ。

イギリスでも、フランスでも村や町には英霊の記念碑があり、献花が絶えない。アメリカには戦死者の集中墓地がある。いずれの国々にも、戦争博物館が英霊の活躍を国民に展示している。

だが戦後の政治家は、そこに眼をつむってきた。

「アメリカの戦争が正義で、日本の戦争は悪だ」

という歴史の矛盾とウソを前提にして選挙の票を稼（かせ）いできた。だから彼らの思考は、

「すべての政策論議の原点を敗戦に置く」

ことになっている。

冷戦が終わった。世界の新秩序は第二次世界大戦戦勝五ヵ国の現状維持政策を基本とする国連（連合国）の団結は機能しなくなった。そして日本の隣国、共産党独裁の中国は軍備増強を続けている。その目的をひた隠しにする「ビスマルク戦略」によって、多くの日本人は中国の軍事力強化は他国の脅威にならないという北京政権の言い分をそのまま信じている。いつの日か牙をむく日があることを考えない。

被占領憲法、日米安保条約、日米地位協定の三点セットで縛られていることを仕方がないと受容する人々は、

「国際社会の秩序は、基本的に覇権力の均衡（Balance of Power）である」

ことを素直に認めない。国際関係を協調と善意の関係や国際経済関係でしか認識できない思考の結果、国際社会を法治の世界と勘違いしている。

「いまや、グローバリゼーションの時代となりつつあり、国家の権威と地位・役割は小さくなりつつある」

と広言する。この考え方は、国益と国家戦略についての考慮が完全に脱落している。だから経済発展（富国）第一主義で、国益を軽視する傾向になっている。国際秩序の原則を素直に認識すれば、明治の元勲たちの「富国強兵」は世界の常識で当然の政策なのであるが、なぜか日本人は「強兵」の話になると、敗戦病にかかって尻込みする。

国益意識と愛国心は米市民の間に自然に定着しているが、米軍の占領政策によって日本国民は国益意識と愛国心はきわめて希薄で対照的である。

ところがブッシュ大統領は、国益とアメリカ建国の精神である個人主義を基調とする自由・民主主義を世界に普及する明白な使命（Manifest Destiny）を前面にする政策を展開し、特に九・一一事件のあとはアメリカ資本主義の獰猛（どうもう）さと、それに対抗する世界の国々の国益第一主義がせめぎ合う現実を日本人に見せつけている。

日本人は国際関係の見方について、眼からうろこを取り払わなければならないのだ。

小泉首相が過剰なほど親米態度を見せなければ、米国は日本をさしおいて中国と戦略的パートナーシップを組んで、アジアにおける国際秩序を気ままに構築しかねない。

今日の日本は、一七四〇年のプロシャや一八六八年の日本と国際環境が相似形なのだが、違うのは日本の指導者の無気力と日本人の腰抜け状態ではなかろうか。戦後の日本は未だ国家戦略を持たないのだ。

第四章——日米戦争（WWⅡ）の戦略的観察

一、米国の総力戦

国際関係を戦略的関係と認識し、第二次世界大戦とは何であったかを観察することは戦争学の当然の仕事である。

道徳的に見れば、残念ながら戦後、日本の民度は敗戦前の民度より、はるかに低い。民度を下げた基本的な原因は現行（被占領）憲法にほかならない。そこで〝現行憲法は何か？〟を考えてみよう。それは、日本が戦闘行為を復活しようとする大和魂を抜くことを第一義的に目的とした憲法である。

日本憲法は、実質的にアメリカの占領下において、アメリカ占領政策に基づいてアメリカの国益に資するように占領軍司令部が基本的に作成した。

だから、日本（被占領）憲法を理解するためには、アメリカの対日戦略を理解しなければ、その本質を把握できない。

講談社の『日本全史』から、日本憲法草案の起案について記述されているところを引用すると、

「一九四六年二月三日、連合軍司令官、マッカーサー米元帥が日本国憲法の草案を作成するように連合国総司令部民政局に指示した。

敗戦後、しばらくの間、日本政府は自主的に憲法を改正する意志を持たず、占領下でも大日本帝国憲法で乗り切っていけるのではないかと考えていた。しかし、前年一〇月、マッカーサーは日本政府に憲法改正の草案作成を正式に求めた。この要請（要求）を受けて、政府は松本烝治国務相を委員長とする委員会を設置、改正原案の作成に入っていた。

松本委員会の草案は、（マッカーサー指令の）二日前の二月一日に新聞にスクープされたが、これをみた連合国総司令部は難色を示した。理由は、それが大日本帝国憲法の基本をほとんどそのまま残した旧態依然としたものだったためである。そこで

マッカーサーはこの日、民政局に草案の作成を指示したのだった。

一〇日後の二月一三日、連合国総司令部は象徴天皇制、戦争放棄、封建制度廃止などを骨子とする自由主義的な憲法案を日本政府に示す。これは微温的改正を考える政府にとって驚くべき内容であったが、三月六日に部分的な修正を加えて、幣原内閣案として国民に発表される」

とある通り、日本憲法はアメリカ人によって、アメリカのために起案された。その記述を担当したアメリカ民政局員はアメリカ建国精神を基本にし、その思想を正義の根拠として、アメリカの国家戦略に寄与するように憲法草案を起案したのだ。その対日国家戦略とは、日本を保護国とすることであった。日本人を腰抜けにすることである。


歴史を振り返ってみれば一八七九年、南北戦争の英雄で、（第一八代）元大統領グラントが日本を訪問し、「アメリカ風」の民主制を天皇に進言した。イギリス風の立憲民主制に反対したのだ。天皇制を廃止して大統領制を導入せよと……。

だから、第二次世界大戦におけるアメリカの対日戦争とは何であったかを知らない限り、連合国総司令部民政局が「戦争犯罪洗脳計画（War Criminal Information Program）」に基づいて起案した日本国憲法の本質がわからない。

『戦争論（On War）』の著者クラウゼヴィッツは、戦争の機能的目的は、「敵の軍事力を撃破し、その戦闘意志を奪う」と述べているが、現実の目的は政治的に係争して交渉のテーブルの上で得られなかったものを戦場で獲得することであると述べている。だからクラウゼヴィッツは「戦後の政局を考慮して軍事行動を律するべき」と説いている。ところが、

「戦争に勝利し、戦争の終結を早めることは、味方の損害を最小限にする人道的行為であるから、どんな手段・方法を行使しても正当性がある」

とするアメリカの総力戦思想は、相手国の伝統文化に対する敬意や人民に対する人道的配慮を無視した論理であった。そこにはもはや騎士道精神も武士道もない。騎士道精神を必要としないとする総力戦理論を正当化する論理には、敵国人民は世界に害毒を流す野卑な下等人種であるとする「人種差別」論が必要であった。

政治的によく計算された戦争では、恐怖によって相手国民の敵意を破壊するよりも、相手国民から尊敬されるように戦って、相手国の指導者と国民の団結を切り離すことが賢明だとするのが歴史の経験則である。アメリカの対日戦争観の根本は南北戦争であって、この歴史の教訓に反していた。

第二次世界大戦初期における日本とドイツの当初の戦争目的は、〝持たざる国の自

存自衛〟（経済自立圏の確立）であった。だからドイツはイギリス本土に対する侵攻を当初の戦争計画に含んでいなかった。

しかし、戦争末期におけるドイツの戦争目的は、〝ヒトラー政権の維持〟に変化していた。

日本の場合、蔣介石軍がアメリカ軍の代理として、また毛沢東軍がソ連軍の代理として日本に対し共同作戦したときの日本の戦争目的は、中国大陸における覇権の獲得ではなく、〝満州国の国際的認知〟であった。百歩譲ってもシナ大陸における日本人と日本権益の保護であった。

しかし、日本が対米戦争に踏み切ったときの戦争目的は、〝自存自衛〟に変わっていた。

さて、問題はアメリカの対日戦争目的である。国務長官ハルの対日最後通牒（一九四一年一一月）を額面通り受け取るとすれば、初期の目的は、「日本が中国から撤退することと、アメリカが中国市場を獲得すること」である。もっともハル・ノートは日本が受諾できないほどに侮辱を秘めたもので、

「日本から銃を抜け！　さもなければ絞め殺す」

という実質的な宣戦布告であった。一九四一年九月六日の御前会議において、永野

修身海軍軍令部総長は、

「日本が米国に対し戦わなければ滅亡は必至である。戦わずして滅亡することは、身も心も民族永遠の滅亡となる。戦って敗北し滅亡するとしても護国の精神を残せば、子孫は必ず国家を再興するであろう」

という主旨の発言を行なっている。日本の対米戦争の正義と目的はこれである。

一九四三年一月、モロッコのカサブランカにおいて、アメリカ・イギリスの首脳を中心とする国際会議が開かれた。この会議は、すでに勝利の見通しをえた連合国が戦争終結のガイド・ラインを決定しようとするものであった。

席上、ルーズベルト米大統領は日独が「無条件降伏するまで戦う」ことを提案した。日本に対しては、国体である天皇制の廃止を要求したのだ。

国際戦争の歴史で、国家が征服されたことがあっても無条件降伏したことはない。国家が無条件で降伏することは、国家が国内的に司法・行政・立法権を失い、対外的には外交と軍事の権を失うことだから、それは国家の滅亡であって、外国に征服されたことと同意であり、無統制・無保護・無資産の人民が国際社会に流浪の民として投げ捨てられることである。戦勝国の命令によっては、敗戦国人民が皆殺しになることも受け入れることになる。

この提案には、チャーチル首相は驚いた。「無条件降伏は本来、軍隊相互間に使われる用語であって、武装解除され、相手国軍隊の捕虜になること」である。国家の降伏は、通常、条件降伏である。そうでなければ降伏を受諾したあとの敗戦国の交渉当事者が存在しなくなり、敗戦条件を履行する政府組織が無権力になってしまって講和条約を結べない。だから、占領国が直接統治することになる。その方式は軍事占領か、併合である。

日本とドイツは軍隊だけの無条件降伏なら受け入れられるかも知れないが、国家が滅亡するような降伏条件は受け入れるわけがない。チャーチルは、ルーズベルトの発言は歴史の常識を超えるものではないだろうと漠然と同意した。

しかし、この「国家の無条件降伏を戦争の目的とする」ことは、このあと一人歩きし始めた。これで日・独の市民などの非戦闘員を殺戮（さつりく）することも、戦略爆撃によって無差別に敵国を破壊することも正義になってしまった。そこには、「陸戦の法規・慣例に関する条約（一九〇七年）」や「空戦に関する規則（当時審議中）」に違反して、ハンブルグ、ドレスデン、東京、大阪、名古屋などへの無差別爆撃を敢行した。

こうして東京まで約二六五〇キロメートルのマリアナ諸島に基地を持っていた米爆撃機隊は戦略爆撃を開始したが、遠距離攻撃によって損害を続出した。そこで五日間の戦闘で中間地点の硫黄島（東京まで約一二五〇キロメートル）を占領しようとした。ところが、栗林忠道中将の指揮する二・一万名が一ヵ月以上戦って米軍に二・八九万の損害を与えた。日本軍の敢闘はアメリカ軍を仰天させた。そして一九四五年四月一二日、嫌日派の頭領、フランクリン・ルーズベルトが病死した。

アメリカ軍は日本本土に上陸作戦を行なうと、九州上陸作戦で約二七万、関東に上陸すると約五〇万の損害が出ると見積もった。この損害見積もりに比較すれば、広島・長崎への原爆投下による市民の損害約一七万も少ないと考えた。それはアメリカの勝利のための正義になってしまった。

しかし、アメリカは日本に対し無条件降伏の要求を取り下げ、中立国スウェーデンを通して天皇制は日本国民が自主的に選択することを認めると日本政府に伝えてきた。これを知った日本政府はポツダム宣言を受託するという条件付き降伏を奏上し、天皇に御裁断を仰いだ。

硫黄島の勇士たちは死をもって日本国体（天皇制）の危機を実質的に救ったのである。それは、大日本帝国と敗戦日本が連続であることを意味した。

軍事史にない〝国家の無条件降伏〟の戦例は、唯一、アメリカの南北戦争であり、アメカのインディアン戦争であったから、ルーズベルトの発想はインディアン戦争の延長にあったとしか言いようがなかった。

いずれにしても、アメリカにとって対日戦争は、「南北戦争に相似形」の総力戦であった。だから南北戦争が終わったとき、南部諸州に北部が押し付けた州憲法のように日本に対して占領憲法を押し付けたのだ。

二、アメリカの対日戦争目的

なぜアメリカは日本を植民地または保護国にしようとしたのか？

それは日本が最初にアメリカに悪意ある覇権争奪の挑戦をしかけたわけではない。アメリカが初めから日本に喧嘩を仕掛けてきたのだ。歴史を振り返って見れば、アメリカは一九世紀末以来、巨大な中国市場を獲得するという夢を抱いていた。

アメリカは一八六七年にアラスカとアリューシャン列島をロシアから購入した。ある意味でロシアは海洋国家のセンスに欠けていた。もし、ロシアが太平洋進出を戦略的に構想するなら、アリューシャンは絶対に必要であったのだ。

アメリカはアメリカに有利な不平等条約である「日米修好通商条約」を締結したあ

とも日本と関係は円滑ではなかった。一八六三年、長州藩がアメリカ商船を砲撃したころから、アメリカ・イギリス・フランス・オランダと連合して翌年、下関の砲台を砲撃破壊した。

一八七三年、パナマに分離独立闘争が発生すると、〝在パナマ・アメリカ人の保護〟を口実に出兵した。こうして、パナマ介入の「既成事実」を作り上げた。

軍事理論について見れば、大西洋の両側においてナポレオンの戦例は大きい影響力をもっていた。アメリカでは、デニス・ハート・マハンがナポレオン戦略概念の使徒であった。デニス・マハンの教育は、南北両軍の戦略的・戦術的思考に絶大な影響を与えた。

デニス・マハンの優秀な息子、アルフレット・セイヤー・マハン（一八四〇～一九一四年）提督は、一八八六～一八八九年にかけて海軍戦争大学校長として勤務し、有名な海上権力史論を発表した。それは父から学んだクラウゼヴィッツの戦争論をベースにして、英国の海軍戦争史と海軍戦略の父と称されるポルトガルのアルバカーキー提督の思想を研究し、海上権力について明晰かつ論理的に分析したものであった。

マハンの戦略論は、海洋国家の国家戦略を支える海洋軍事戦略理論であったので、海洋国家の皇帝、政治家、軍人から大いに注目された。

このころ日本からアメリカに留学した秋山真之（のちに連合艦隊作戦参謀として日本海海戦を戦う）は、アメリカの人種差別によって海軍戦争大学への入学を許されなかったが、マハン中将の好意で直接に海洋戦略論を学んだ。

マハンの理論が欧州海軍において賞賛されるようになると、アメリカ政府はモンロー主義とマハンの海洋戦略論を結びつけた。その背後には「明白な天命」に基づいて、アメリカ自由・民主主義を世界に拡大しようという使命感が存在していた。

「アメリカの国防線は、太平洋・大西洋（メキシコ湾）の向こう岸の大陸沿岸に存在する」

海洋戦略の国防戦域を海洋の対岸に引くことは、その戦域に海軍基地または泊地を網状に展開しなければならない。差し当たり、メキシコ湾ではキューバのサンチャゴ基地が必要になった。また、太平洋では、ハワイが必要になる。その先には、日本とフィリピン、台湾に基地を持つことが海軍戦略になった。

一八八五年、日本は最初のハワイ移民を送り出した。そこでアメリカ海軍作戦部は、日本がハワイを先取すると想定して日本に対する最初の戦争計画を作成した。一八九八年、アメリカはハワイを占領する。

ハワイを占領したあとのアメリカは、カリブ海政策を決定してパン・アメリカン会議を開催した。こうして南米大陸に対するアメリカ介入（モンロー主義政策）を宣言した。カリブ海の問題とパナマ運河の開設はアジア問題に優先することになった。

アメリカは、一八九四〜一八九五年の日清戦争に関心を向ける余裕がなかった。なぜなら英国はインドから中国まで海軍基地を連接して中国に接近できるが、アメリカは太平洋を横断する基地を配置していなかったからである。日本は台湾を併合した。

一八九八年、アメリカはキューバがスペインから独立するように策動した。これがアメリカ・スペイン戦争の原因となった。そしてサンチャゴ軍港を攻略し、キューバを一九〇二年に独立させたのちに保護国にしてしまった。

さらにこの戦争を口実にして、香港に進出していた米艦隊をもってフィリピンのマニラを攻撃し、在フィリピン・スペイン艦隊を撃破した。このあと陸軍約一万を派遣してマニラを占領した。そしてパリ講和条約によって、アメリカはプエルトリコとグアム島を手に入れ、フィリピン全域をスペインから購入した。

ところがアメリカはフィリピンの文化・伝統を無視した。そこでフィリピン各地で反乱が発生する。アメリカのフィリピン人に対する人種差別と伝統無視に対して日本人の有志がフィリピンを支援したが、アメリカは兵力約一〇万を投入して討伐戦（一八九九〜一九〇五年）を展開し、ゲリラ一・六万、住民一〇万以上を虐殺して平定した。

アメリカがキューバ問題とフィリピン問題にかかわっているうちに、アメリカの太平洋における国防線のうち、台湾から日本列島までを日本が制することに情勢が変化していた。そこでアメリカの植民地拡張政策の目標は日本列島と台湾になった。

そして海軍基地のネットワークと大洋艦隊および海兵隊でアメリカの夢の実現を支援しようということになった。メキシコ湾では、サンチャゴとパナマ運河の開設、中部太平洋ではハワイとグアム、西部太平洋では、フィリピン、沖縄、日本に海軍基地を持つことであった。

中国進出に出遅れていたアメリカは帝国主義的な手法でロシア、ドイツ、フランスと対抗して、シナ大陸に植民地を得ることは困難と判断し、市場獲得によるシナ大陸の支配政策を推進する手法で列強との競争に勝利しようとして「門戸開放・機会均等」政策を打ち出した。

イギリスは既得権益の維持のため、清王朝を交渉窓口に利用する必要があったため、このときはイギリス、ロシア、ドイツ、フランスによる分割案には乗らなかった。これでシナ大陸四分割政策が立ち消えになった。

フィリピン問題が一応、落ち着いたアメリカはシナ大陸に対する市場開拓に乗り出そうとしていたところ、義和団事件（一八九八年）が発生し、列強と肩を並べて参画できることになった。それまでアメリカは、一八四四年のアヘン戦争に乗じて清王朝と望厦条約を結んでいたが、この条約を使うにはフィリピンに基地がなかった上、イギリスがシナ大陸沿岸の中央域に商圏を張っていて入り込む余地がなかったのだ。一九〇四年、日露戦争が始まると、その帰趨を注視していた。日英同盟があるので、この戦争に乗じてロシアと手を組んで、日本を占領する戦略は採れない。それなら日本を支援して、戦争の果実の一部を手に入れようと考えた。日露戦争の原因の焦点は、ロシアが建設した鉄道の終点の遼東半島である。それに目をつけた。日露戦争の講和条約で仲介の労をとったのは善意の所為ではない。満州に進出（ハリマン構想）する口実を得るためであった。

日本は国際情勢判断を読み間違えてハリマン構想を拒絶した。これに同調していれば、日英同盟とともに日米同盟が構築されていたのだ。

アメリカは冷たい日本に対して「黄禍論」を道具として、排日運動を強化するとともに日本を主敵として一九〇六年、対日戦争計画〝オレンジ〟を策定した。その戦争目的は、日本を占領（植民地化）することであった。

第一次世界大戦が終わって、アメリカは欧州から引き揚げた。目指すことは日本の

滅亡である。その戦略的アプローチは、

(1)　日本海軍の極東化
(2)　国際政治における孤立化
(3)　中国の反日運動の高揚
(4)　対日戦争準備

であった。第(1)については、日本艦隊の縮小と基地網拡大の阻止であった。第(2)は、日英同盟の解消であり、日本と西洋列強の同盟構築の阻止である。第(3)は、中華民国との同盟であり、第(4)は、米海軍基地による日本の包囲である。

アメリカは第(1)に、日本が第一次世界大戦の結果、獲得した信託統治領に軍事基地を造らないことを決めさせた。基地のネットワークがない海域に、日本は制海権を獲得することができない。

アメリカは本気で人種差別政策を守るために〝黄色い猿：日本〟を主敵にしたのである。アメリカはソ連の共産主義による世界革命論よりも、日本の人種差別撤廃論を恐れたのであった。

このころ、ソ連は満州に覇権を伸ばそうとして日本弱化工作を開始していた。日本に共産主義オルグを育成していた。

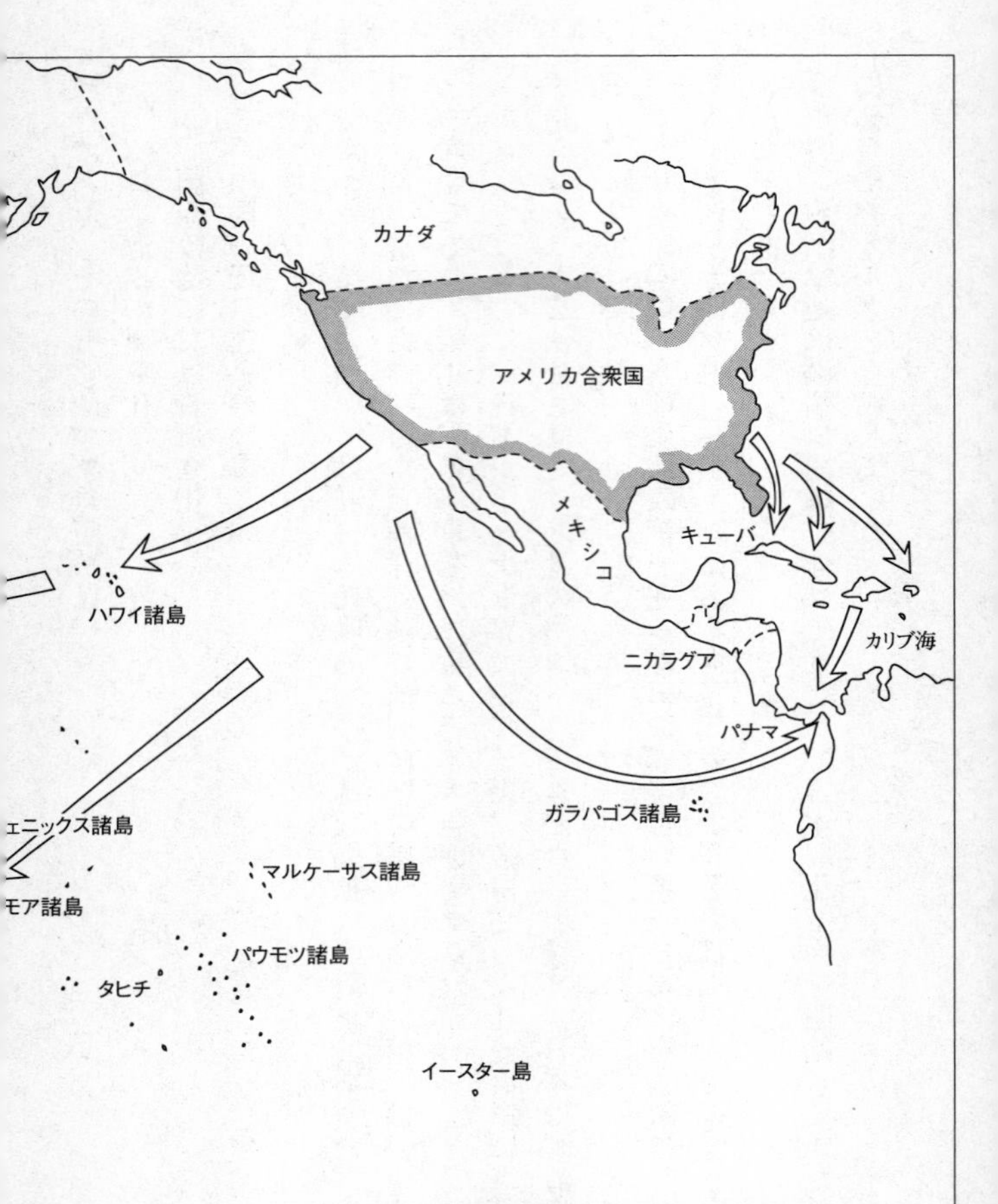

対日戦争計画“オレンジ”1937

ロシア
外蒙古
中華民国
チベット
中国軍
インド
ビルマ
香港
台湾
沖縄
日本
太平洋
ミッドウェー
マリアナ諸島
仏領
インドシナ
フィリピン
グアム島
マーシャル諸
マレー
セイロン
カロリン諸島
ギルバート諸
ビスマルク諸島
ソロモン諸島
インド洋
フィジー諸
オーストラリア連邦
ニューカレドニア
タスマニア
ニュージーラン

このもっとも重要な一九二四～一九三一年に日本の外相幣原喜重郎は、国際協調（日本に悪意がなければ、外国も悪意を持たない）という理念外交を展開した。覇権主義外交を展開していた米英は、一九二七年の第二次南京事件を契機として中国分割案を提示したのだが、日本はこれに反対して米英を敵にまわしてしまった。当時、シナ大陸に居住していた日本人の生命・財産を見捨てた幣原外交は中国軍閥に利用されたのである。

「寛容と忍耐をもってしては、人間の敵意は決して溶解しない」という歴史の原則に反していたのだ。

三、対日占領政策

前節で述べたような歴史的経緯によって、対日戦争を総力戦と認識して勝利した米軍の占領政策は、大日本帝国陸海軍の無条件降伏だけではなく、日本に軍事基地を開設して保護国にすることであった。在日米軍基地は絶対的条件であり、日本人から歓迎されなければならない。

それには日本国民の対米敵意を奪い、国柄と国体を破壊し、そしてアメリカ風の文化社会にすることである。それは日本にとって「忘日入米」である。まさしくアメリカ南北戦争の結末を日本に対して相似形に適用したのだ。

端的に言えば、日本はポツダム宣言受諾という条件で降伏したので、形式的に天皇制という国体は残ったが、アメリカは新憲法の制定によって象徴天皇制とし、実質的に新保護国日本国を大日本帝国とまったく別のアメリカ従属国家にしようとした。アメリカがハワイを占領したときに、国王を象徴という飾物の座に移したことと同じである。それが成功すれば、日本に残る文化財、伝統、墳墓は消滅した国家の遺跡となり、新生日本国とは連続しないことになる。もちろん、靖国神社も遺跡の一つに過ぎないものになり、英霊と現在の日本人と無関係になる。

だから、日本の首相が靖国神社の英霊に参拝することは、大日本帝国と日本国が連続していることを示す行為であるから、北京政権やソウル政権が反対することとは別な意味でアメリカも快く思わない。

カサブランカ会談において、ルーズベルト大統領が日本に無条件降伏させると述べてチャーチル英首相を驚かせたが、大日本帝国は「ポツダム宣言を受諾する」という「条件降伏」した結果、基本的に大日本帝国は生き残ったのだから、それにもかかわらずアメリカはポツダム宣言を無視して日本の文化・伝統、憲法まで破棄するように強要したことは、明らかにハーグ条約（一九〇七年）第四三条「占領地の法律の尊重」の違反である。

もちろん明治皇室典範と明治憲法を破棄させ、現行憲法および現行皇室典範や教育基本法を強制したのはハーグ条約の明瞭な違反であった。

軍隊が戦争（＝戦闘＋占領）期間中に占領地の行政を行なうのは、作戦行動（占領行動を含む）が直接妨害されることを防ぐ範囲のみで、その他の行政行為は被占領国の権限である。

それゆえ今日の日本人が真に独立国を目指すなら、現行の被占領憲法や教育基本法など米軍の占領政策として立法されたものは、国際法違反のものであるから、サンフランシスコ講和条約（戦争の終結）締結の一九五一年九月八日に破棄するのが世界の常識である。

アメリカは、在日米軍基地の安定的かつ自由使用のためには、日本人に「拝米心」を植え付けるとともに、第二次世界大戦はアメリカに正義があり、日本の戦争は悪であったと洗脳する必要があった。

第一に日本人がふたたび愛国心を持てば、基地反対が生まれるかもしれないし、アメリカの保護国日本が西太平洋において独立国として覇権を求めるようになるかも知れない。それゆえ、ふたたび日本にアメリカと対等な国際的地位を与えることはしない。だから日本人に愛国心を与えない。愛国心を持つことは悪いことだと洗脳する必要があった。

そのために、第二次世界大戦を指導した日本の政治家、軍人は犯罪者としなければならなかった。それが東京裁判であり、軍人の「公職追放」である。

軍事法廷は世界で認められているが、それは戦時国際法に違反している事項についての裁判である。政治的な理屈による「平和に対する罪」とか「人道に対する罪」は軍事法廷で裁けない。アメリカは〝勝てば官軍〟という国際政治の絶対的な原則を振りかざしてポツダム宣言を無視した。この結果、日本人は無条件に、

「アメリカや中国に刃向かった戦争を指導した軍人は犯罪者で、兵士たちや国民だけでなく、英霊も被害者である」

との認識を植え付けられた。

日本人を保護国人間にするためには、祖国に対する愛国心を与えないことのほかにアメリカ人の「見方、考え方」を移植し、培養する必要がある。その一つは日本の文化・伝統の否定であり、もう一つはアメリカ文化〝個人主義〟の普及である。その基

本は、被占領憲法を日本人に与えることであった。

こうして「戦争犯罪洗脳計画」に基づいて行なわれた施策は、ジンギス・カーンも驚くほど異例なものであった。その主なものを列挙してみると、

(1) 学校教科書から国民の士気・団結を高め、伝統を教えるものを削除
(2) 軍需生産の停止
(3) 特別高等警察の廃止および警察組織の地方分権化
(4) 銃砲・刀剣の没収（アメリカは銃社会なのに）
(5) 国旗掲揚の禁止
(6) 連合軍司令部によるマスコミ記事の事前検閲（表現の自由の剥奪）
(7) 共産党員を含む政治犯の釈放
(8) 米軍向け売春施設の設置
(9) 愛国心・栄光追求の教育禁止
(10) 民族主義的教育者および軍人の公職追放
(11) 教育制度の改悪、教師の労働者化
(12) 財閥解体
(13) 農地解放による地主の消滅化

⒁　華族、貴族などの社会栄誉階層システムの破壊
⒂　家族制度の破壊
⒃　秘密保護法の廃止
⒄　神社参拝の禁止
⒅　財産相続税の強化
⒆　皇室典範の法律化（明治典範の廃止）

一見して判る通り、「日本人をすべて植民地労働者にする」政策であった。働かなくても生活費が入る有産市民（地主や資産家）をなくしたのである。せっかく、勤勉・努力によって資産を残しても、死亡すれば膨大な遺産相続税システムを導入して有産市民を作らせないようにした。

労働しなくても生活費が得られる人々は無為徒食することはない。より価値ある人生の目標を追求するようになるのは当然である。アメリカの独立戦争を指導した人々は富裕な有産植民であった。もちろん、ワシントンも大資産家の息子であった。

そのような人々の存在が否定された結果、日本には己の欲望を捨てて「国家社会の将来を考える」人々が生まれないようになった。それでも清貧洗うがごとしの生活になっても国家・社会を指導しようとする志士が生まれるかも知れない。それが日本の

歴史、明治維新であったからである。

　そこでアメリカは、さらに指導者育成のシステムを完璧に破壊した。そのために導入したのが六三三四制の教育システムである。

　さらに、相撲、柔道、剣道などの日本武道を全て禁止し、小学校に設けられていた土俵は撤去され、相撲まわしは没収された。戦国武将物語、軍人物語、戦争映画、戦争画などは禁止され、親孝行、報恩、滅私奉公、廉恥などの伝統的ルールは排除され、村の青年団は解体せられ、村行事も禁止された。

「武士に二言はない」

　という社会常識が破壊されて、日本はアメリカと同様に契約書社会にされた。第二次世界大戦の責任は、すべて軍人にあり、日本国民は無理やりに戦争に駆り立てられたと洗脳された。これで戦略爆撃も、広島・長崎の原爆投下も日本軍人が悪いからであると正当化された。

　当時のアメリカは人種差別を国策としていたから、日本人を「黄色い猿」と見下していた。だから現行憲法は〝黄色い猿向きの憲法〟なのである。

　この諸政策は、明らかに戦争法規慣例に関する条約違反である。この内容をありがたく受け入れた日本の政治家・学者たちは、明らかにアメリカ占領政策に肩入れした売国奴であると断言できる。

アメリカが人種差別を公的に撤廃したのは、大戦から一九年後の一九六四年であって、世界各地の植民地が民族解放戦争に立ち上がった流血の情熱と、アメリカ国内におけるキング牧師を筆頭とする人種差別撤廃運動の結果であることを見落としてはならない。

日本はアメリカの保護国なのだから、保護国に所在するアメリカの施設を守るのはアメリカの責任である。保護国が軍隊を持つ必要はない。保護国が軍事力を持てば、かつてのアメリカのように独立（革命）戦争を起こす恐れがあるというのである。だから、憲法第九条に非武装項目を入れた。

アメリカは日本に軍事基地を持つことがハワイ、グアム、フィリピンと同じように日本を保護国化する目的であったから、真っ先に「日米地位協定」を設定した。

ところがアメリカの予期に反して、第二次世界大戦の終焉から早くも「東西冷戦」が始まった。そして世界各地の植民地が民族解放闘争に立ち上がった。そのような国際情勢を見たアメリカは日本を占領状態にして置くことは困難と考えた。それが戦争を終結させ、形式的に独立「サンフランシスコ講和条約（一九五一年）」させることである。もちろんソ連は調印しない。

一九四九年にシナ大陸に独立した中華人民共和国は日本と戦争した歴史を持たない新興国家であり、かつアメリカを潜在敵国としていたから調印する資格もないし実際に調印していない。調印したのは日本と戦争し、台湾に亡命していた中華民国である。

他事ながら日本はポツダム宣言を受諾し、台湾の領有権を放棄した。しかし、戦勝した連合国は台湾の帰属を決めていない。台湾は侵略してきた中華民国軍に不法占拠され、優れた台湾人は一九四七年二月二八日に大量虐殺されて今日に至っているのだ。

アメリカは形式的に日本を占領から解放したが、深層心理において日本は植民地であるとの認識を捨てていなかった。日本の防衛はアメリカが責任を持つとして日米安保条約を締結した。憲法と安保条約および日米地位協定をワン・セットにして、実質的に日本を植民地自治領としたのである。

それだけではない。アメリカは、日本が二度と西太平洋において覇権を求めないように、壜の中に閉じ込めて蓋をする「壜の蓋」政策を行なったのだ。

歴史に「もし」はないが、「もし、戦後世界に植民地独立闘争が頻発しなければ——、冷戦が起きなければ——」日本は今日も形式が何であろうと、実質的にアメリカの植民地であり続けただろうと想像することができる。

現行の被占領憲法は、日本人のための憲法ではなく、アメリカの戦略、「日本植民地化政策」のための憲法である。

　こうして日本の伝統と文化、オーナー・コードとしての武士道精神、伝統などはすべて荒廃した。まさに大日本帝国の伝統文化・文明は、「風とともに去りぬ」になったのだ。今日の日本人で、

「アメリカは個人主義を基調とし、人権を守る自由・民主主義と資本主義の善を日本人に与えて啓蒙した福音者だ」

　と歓迎し、すべての思考の原点にしている人たちがいる。残念ながら、その人たちはアメリカ文化伝染病に罹病（りびょう）している人たちなのだろう。個人主義という美名のもとに国家力を持たないようにしているのだ。彼らは愛国心の強調は全体主義だと非難する。しかし、外国が愛国心を強調してもそれを全体主義として非難しないという矛盾を意図的に行なっている。

　第二次世界大戦における日米戦争は、両国の戦略が衝突したのであって、日本が犯罪的戦争を行なったのではないことは確かである。

四、日本の戦争放棄

第一次世界大戦のあと、米大統領ウィルソンは世界の共産党とそのシンパサイザー社会党の〝社会主義世界革命論〟に対抗して、「民主主義世界革命」を唱道し、宣教師外交を欧州にも適用した。共産主義は人間を〝資本家と労働者〟に区分して考えるという仮説によって経済と政治を連接する思想で、アメリカの政治思想の盲点を突いたものであったのだ。

この結果、一九一四年の西欧に存在したハプスブルグ、ホーエンツォレルン、ロマノフ、オスマンの四大王家を含む一七の君主国と三つの共和国（スイス、フランス、ポルトガル）は、一九一九年には、一三共和国と一三君主国になり、四大帝国は崩壊した。

しかし、経済活動が生み出す人民の不満は政治に反映して新しい独裁体制を生むことが容易に考えられた。それは国際秩序の流動を作り出すことを意味していた。

フランスの歴史・政治哲学者トクヴィル（一八〇五〜一八五九年）は、アメリカの

自由・民主制を視察して、

「政治に関する教育が不足し、国民が政治について成熟していない国における自由・民主制は、一つ間違えば付和雷同の熱狂型の独裁政治に陥る」

「〝資本主義は良いことだ〟とすれば、権力者が富の獲得に走り、富が権力者に偏在する国家になり、国家が崩壊する」

と警告を残していた。その典型的な例は、パックス・ロマーナの頂点を過ぎたローマ帝国である。

ウィルソンは、交戦諸国に対して〝勝者なき停戦〟を説いて回った。その口車に乗ったベルサイユ条約（一九一九年）は、結果的に敗者に苛酷な停戦条件であった。ベルサイユ条約は総力戦の概念を内包していた。戦争の原因となった政治的事項を勝者が獲得するだけでなく、戦争によって失った国力の要素まで賠償させるという考え方である。

本来、戦争したのは両者に責任があるのだから、〝喧嘩両成敗〟で、戦争による疲労困憊（こんぱい）は両者がそれぞれ自国の責任において受け入れるのが戦争の歴史三〇〇〇年の常識であったが、勝者はすべてを敗者に負わせるというのである。それは勝利のあとで戦利品を獲得する行為を正当と認めることにほかならない。

これはアメリカの南北戦争の思想でもあった。有名な経済学者ケインズは、ベルサイユ条約を見て、これでふたたび世界大戦が発生すると予言した。

この二つの懸念は現実のものとなった。欧州に誕生した共和制の国々の多くはドイツを含めて独裁国家として成長し、アメリカの大恐慌（一九二九年）のあと、世界は国益の中に経済利権を抱き込んで、「持てる国々」が「持たざる国々」を経済的に閉め出す「ブロック経済圏」を構成して第二次世界大戦の種を蒔いた。

それにもかかわらず、ウィルソンはウエストファリア和約の「勢力均衡」の秩序原理を排して、国際連盟による現状維持を基本とした多数決による秩序の原理を唱えた。現状維持は戦争の構造的原因の一つである。

国際連盟が国家の上位に立つ機構ならば、多数決の原理は民主制の応用として機能するが、世界における最高の主権者が国家であれば、これは論理的でなかった。国連連盟の決めることが気に入らなければ、いつでも脱退してよいことになるし、初めから国際連盟に加入しなくてもよいことになる。

いずれにしても、これによって国際連盟が発足（一九二〇年）した。しかし、南北アメリカ大陸の問題には外国に一切介入させないとするモンロー主義を優先させたアメリカは国際連盟に加入しなかった。見事な二枚舌外交である。

第一次世界大戦の惨禍とウィルソンの宣教師外交に乗せられ、国際連盟を結成した世界の主要国は、〝不戦条約〟と呼ばれている戦争放棄に関する条約（一九二八年）に調印した。この条約は、今日の日本憲法の出所である。しかし、連盟の外側にいたアメリカは、「自衛のための戦争は放棄しない」と宣言した。世界はこれを黙認した。黙認したことは同意したことであった。

自衛とは国益を守ることである。その国益は二つに区分される。政治的国益と経済的権益である。経済的権益と政治的国益はしばしば一致しないので、これを国益に含めると矛盾を生じかねない。しかし、アメリカはこれを含めている。

(1)　国家の尊厳と威信の保持
(2)　国体（政治システム）の擁護
(3)　国家の領域の主権保全
(4)　国民の生命・財産の防護
(5)　国家の経済的権益

であった。これで、戦争放棄という理想と国益の擁護という現実の二枚舌となった。不戦条約はないものにも等しい。国益を守る戦争は正義の戦争ということになれば、悪い戦争は侵略戦争だけになるが、侵略の定義は国際連盟でも国際連合でも成立しな

かった。すなわち、悪い戦争は現実に存在しないことになる。それでも、

「戦争は悪である」

という無責任なウィルソンの宣教師外交は国際社会に、

「世界秩序は建前（理想）と本音（現実）で考える」

という二枚舌を撒き散らした。この発想は、今日も日本の常識として綿々として続いている。


この二枚舌思考はアメリカ大統領が国際連盟に持ち込んだものであるが、じつは、それはアメリカの国内政治の秩序原理でもあったのだ。多くの移民、人種差別、多様な文化の混交という当時のアメリカ社会を一体的に統合し、国民の団結・規律を維持するためには、机上の空論が不可欠の要素であった。

「理想を掲げていながら、現実の矛盾を飲む」


アメリカ建国の一三州が持つ「清教徒」の感性はアメリカ人の基本的な感性となっている。人間の道徳の基調はピューリタンの絶対的正義である。その香りが政治にも染み込むから、どこかで理想が顔を出す。宗教（理想）と政治（現実）は分離して考えようとしたアンリ四世の「ナントの勅令」の精神は、ともすれば忘れられるのである。

この不戦条約は、そのまま日本憲法第九条に持ち込まれた。アメリカは占領地日本を非武装国家にしたのだ。日本憲法第九条に不戦条約に対してアメリカが付帯した宣言まで持ち込めば、日本はアメリカと同様に国益を守る（自衛）ための国防軍が保持できることになるが、アメリカの宣言の部分は憲法に記述されていないので、日本は正義の戦争も放棄したことになっている。

それは自分の国は自分で守ることが国際社会に対する義務であることも放棄したことにほかならない。戦略的に緊要な地勢に位置する日本が、「覇権の空白地帯」になることは、自国の安全のみならず、その地勢から戦略的影響を受ける諸国のパワーバランスを崩すことになる。国家が責任ある軍備と戦う意志をもたないことは世界平和の破壊者になることである。

アメリカは、そのことを知らないわけはない。アメリカは、日本を自国の保護国として認識していたから日本をアメリカが守るとしたのである。

もっとも〝アメリカによる日本防衛作戦計画〟には、日本を戦場にすることを想定したものも含まれていた。それでは日本人にとっては防衛したことにならない。それにもかかわらず、戦後の日本の政治家は、

「アメリカが日本を守ってくれる！」

「戦争は起きない。軍隊を持てば戦争が起きる！」

と国民に対しても、世界に対しても無責任を続けている。

「人間が賢明に進歩すれば、戦争はなくなる」

と考えることは、最初の部分に現実にはありそうもない仮説が入っている。ハーバード大学のスティーブン・グールド博士は、

「人間の脳のレベルは約一〇万年前に地球に登場していらい、すこしも変わっていない。人類は環境に適応するように進歩するが、自然科学も社会科学も、現実の道徳に対しては無力であり、人類は道徳的には進歩しない」

と述べている。要するに、人間の性質には進歩するものと進歩しないものがあり、人間は賢明に進歩せず、闘争本能はなくならない。だから、

「勧善懲悪の戦争は必要なのだ」

であって、戦争放棄した日本は国家機能障害国で半人前である。

第五章――米国家戦略の特性を探る

一、アメリカの建国精神

国際関係を戦略的関係で判断し、世界の国々が樹立する国家戦略の出発点を思考することは、戦争学の重要な一領域である。

米国の国家戦略を理解することは、これからの日本の国家戦略を考案するための鍵になる。超軍事大国であり、海洋国家である米国を日本の味方にしなければ、日本の国家戦略は成り立たない。

しかし、一方において米国は大西洋の東側に位置する英国のように、日本が太平洋の西側において米国と対等な立場に立って同盟関係を持つことを歓迎するかどうかは、きわめて慎重に見極めなければならない。

そこで「黄色い猿の国（日本）の憲法」を含めて、アメリカが日本を植民地化するために実行した「戦争犯罪洗脳計画」の背景には、当然のことながらアメリカ人の〝見方、考え方〟がある。それを考察してみよう。

世界の国々の意志決定は、根本的に自国の建国や革命の経緯とその精神を原点にして行なわれることは世界の常識である。それゆえ、アメリカが世界最古の「成文憲法」かつ「硬性憲法」をどのように生んだのかを最初に考察する。

アメリカ人が常識とするアメリカの「国柄」はアメリカ独立戦争に起源がある。アメリカ人がこの独立戦争を「革命戦争（The War of American Revolution）」と呼ぶのは、その戦争がイギリス国内戦争であって、政治権力を国王や貴族、騎士から中産階級の在アメリカ清教徒が奪い取ったという〝ブルジョワ革命〟の意味である。

戦後にアメリカが日本人を洗脳した「戦争はすべて悪である」の言葉はパトリック・ヘンリの演説と矛盾することになる。すなわち、日本をふたたびアメリカに立ち向かわないように日本人の脳にウソを刷り込んだのだ。

一七七六年七月四日、フィラデルフィアで発表した「独立宣言」は、人間の基本的人権として〝生命〟〝自由〟〝幸福の追求〟と〝人民主権の政治、革命権〟を明記した。この考え方はイギリスの啓蒙思想家ジョン・ロックの思想を取り入れたものであった。曰く、〝国家と国民は契約関係〟である。そして、「自由・民主主義こそ、国家の政治制度のあるべき姿」であるとする信念が鮮血を流して勝ち取られた。

しかし、人間にとって究極的に価値あるものは、アメリカ人が言う「自由」「生命」「幸福」ではない。それらは当時の虐げられた奴隷や植民地民族にとっての欲望であった。

囲い込まれた豚のような地位に置かれていた人々が求めた基本的権利であり、価値であると言っても言い過ぎではない。

革命戦争を戦ったアメリカ人が言う「基本的人権」とは、清教徒としてキリスト教に基づく高邁な人格の存在を前提にしなければ成り立たない。もし、人が人間の条件を満たしていなければ、そして教育しても人間の条件が身につかないような無駄な人間であれば、生命・自由・財産の保護は罪悪行為になる。

すなわち、野獣が人間になるために着る衣の良し悪しが問題なのだ。真に価値ある人間としての衣は——人間が生命を投げ捨てても獲得し、守るものは——「公正

(義)」「名誉(廉恥)」「仁愛」であって、〝人間であることの条件〟と言ってよい。また、人と人を結び付ける〝共感〟は、自由でも生命でも幸福でもない。共感は仁愛(人情)によって得られる。

「正義と名誉と愛のためには、人の生命は鴻毛よりも軽い」ことをアメリカ人は戦後の日本に持ち込まなかったのだ。米兵もまた、星条旗のために勇敢に戦う。

二、仮説に過ぎない「個人主義」

アメリカ人が二言目に揚言する「個人主義」の思想は、

「人間は、強く賢明かつ無欲で勇敢であり、進歩する」と認識(仮定)することが出発点である。贖罪を求める勇気ある人間が前提なのである。これは、

「人間は弱く、はかなく、その癖に強欲で怖がり」と認識する歴史主義(現実主義)やトーマス・ホッブスの考え方の対極に立つ。も

ちろん日本の伝統的な考え方は、

「人間ははかないもの」

と仏教の思想を基礎にしているから、アメリカの個人主義とは〝水と油〟で折り合わない。

〝賢明な個人〟の存在という仮説を出発点とするアメリカの「個人主義」は、愚かな人間の行為の中から良い点だけが精選されて沈殿したものが文化や伝統・習慣であり、社会生活の不文律を形成しているとする歴史主義を軽視した。こうしてアメリカの自由・民主主義は「近代的合理主義」と言われる机上の空論による〝独善的〟であることが特色になる。

すなわち、アメリカの革命戦争は人間の英知（論理主義）がすべてに優先した正義の戦争であり、旧大陸イギリスの文化・伝統、慣習を否定し、〝革命すること〟が前提となっていた。もちろん、貴族や平民という社会階層の制度も否定した。

基本的人権を自然権と認めることは、イコール個人の尊厳を認めることになったので、個人と国家・社会とは契約関係で成立すること――キリスト教カルヴァニズム――になる。それは、潜在的に社会と契約するに値する個人の能力が前提になっていることで、初代大統領ジョージ・ワシントンの言葉を借りれば、「賢明で正直な個人」がアメリカを造るのである。こうして「個人主義」はアメリカ人のラベルとなった。

しかし、個人が国家と契約に値する能力がなければ、個人と社会や国家との契約が成立しないことが背後に仮定されているはずであったが、この点の議論は置き去りにされてアメリカ社会が建設されることになった。

例えば、全国民の利己主義を積分して国家の統制領域を憲法で規定すれば、国益などは生まれるはずもない。国益のように偽装する私益なのだ。

権利と責任と義務の三面等価と言いながら、権利の主張は社会から容認されがちであったが、責任の負担は個人の尊厳に名を借りて逃れやすい社会を造ってしまった。

これはトーマス・ホッブスに言わせれば、「権利・義務・責任」は机上の空論的ルールであって、歴史的経験則から生まれた伝統のルール（道）のような裏付けがない。早晩、人間の強欲がその均衡を破壊するおそれがあったのだ。その現象が今日のアメリカの〝弁護士社会〟の原点となった。

〝賢明で正直〟を前提とする個人主義に訪れる最初の失敗は、〝愚かであくどい〟現実の人間が出現することである。個人主義は容易に利己主義に変貌する。そして理想と現実の矛盾が発生することになる。

これは国家の政策で言えば、建前と本音の「二枚舌政策」の誕生である。人間は神ではないから絶対的正義は存在しない。世界には国の数だけ違った正義が存在する。普遍的価値などという正義は、〝口実〟に過ぎないのだ。

それにもかかわらずアメリカの民主主義の背景にはキリスト教、特にピューリタニズム（清教徒主義）が滲(にじ)んでいる。それは、カルヴァン派のキリスト教を世界に広めることは、〝明白な天命〟であるとする潜在意識の基調である。

「〝明白な天命（Manifest Destiny）〟とは、文明が発達したアメリカ合衆国が領土を拡大していくことは、人類に幸福をもたらすように運命づけられたアメリカの使命である」

これはアメリカの正義（個人主義を基盤とする自由・民主主義）は清潔なもので、世界の人々に幸福をもたらすから布教しなければならないという清教徒の信条である。

何ともアメリカの侵略を正当化する手前勝手な理由付けであった。これに〝白人優越主義〟が加わった。

「アメリカの西方拡大」＝「明白な天命」＋「白人優越主義」

という等式になる。この論理による西部開拓は、どこを探しても第三者から見れば「正義」はない。

しかし、アメリカ人は、この西部進出を〝侵略〟とは呼ばずにアメリカの正義に包含している。反省はない。その侵略の道具は、〝資金とガン〟であった。

「追い詰めろ、相手に先に抜かせて早射ちで勝て！　それから金を支払って買い取れ」

西部のガンマンの戦略である。

しかもアメリカ憲法は、世界最初の成文（硬性）法典であった。それは、

「憲法は権力者（人間）は悪いことをしかねないから、国民が政治家のしてよいことと、して悪いことを規定すること」

だと考えた。これは、ある意味で個人主義の理念とは逆の発想である。さらに、

「国家は、個人の生命、自由、幸福を守ることが仕事である」

というカルヴァン派の考え方を、そのまま取り入れた。アメリカ式憲法の考え方は、現在生存している人間が基本になっている。アメリカ革命で縁を切った過去の祖先の名誉や犠牲は考慮されていない。だから彼らの発想には、

「憲法とは、建国以来の祖先から受け継ぐ〝国家の家訓〟」という発想法はない。もし、憲法が国家の家訓なら、国家と国民は契約関係という考え方は成り立たない。国家と国民は一心同体であり、憲法は契約関係を定めるものではなくなる。その考え方

の憲法は「軟規定」になる。

こうしてカルヴァンの思想はイスラムの思想と衝突する。日本の国家戦略が米国の国家戦略と連携して同盟するとしても、第三国から日本も個人主義に同調する国家であると誤解されない配慮が必要である。

三、伝統文化が大嫌い

アメリカの建国は過去に対する告別からスタートした。だからアメリカ憲法は祖先が築いた歴史とも文化・伝統とも連続性が必要なかったのだ。アメリカ人は自己を拡大して認識しなくてよかったわけである。

新大陸の新国家はそれでもよい。しかし、その考え方で世界の国々を見るときには、「世界には、多様な歴史と文化と伝統があり、尊重しなければならない」という考え方が入る余地はない。当然ながら、長い歴史を持つ国々と摩擦が起きる。どちらに正義があるとはいえない話である。だが、アメリカはこの体質を持ちつづけている。

アメリカの個人主義は国民一人一人が国家・社会と健全な契約関係を築く能力があることが前提であるが、この思想は世界の多くの国が受け入れられるものではなかった。

〝賢明な個人〟で〝善良な市民〟が国中に行き渡るほど教育と情報公開が発展していない社会では、知的・財的上流社会層が国政を占有することになって、国民個人個人と国家とが契約関係に立つのではなく、別なルールで国家・社会が形成されている。すなわち、大部分の世界の国は仲間主義が文化と伝統を築いて〝不文律のルール〟のなかで生きている。

それでも八年間の独立戦争は植民に強い「仲間意識」を植え付けた。それがなければ一三州の団結は得られなかった。彼らは、これを義務感だと強弁しているからアメリカの建国の思想は、

「個人主義と伝統・習慣は反比例する」

ことになってしまった。アメリカは独立戦争を通してイギリスを否定するためにイギリスの文化・伝統・社会システムを徹底的に研究した。重要なことは研究の目的が〝否定〟であって〝教習〟ではなかったことである。

それは「アメリカ新大陸＝世界」、すなわち〝アメリカ合衆国は世界の中心〟とい

う観念の創設であった。

　この思考傾向はドイツ民族の優秀主義、中国の中華思想、日本の八紘一宇と五十歩百歩である。

　例えば、アメリカ人はスポーツにおいて国内のチャンピオンシップを決めるときでも、「ワールド戦」と名付けるのは〝アメリカが世界〟という認識である。まさにアメリカは「新世界」なのだ。

　他国の伝統や文化を否定すると、その外交政策の姿勢は相手の心理や感情をあまり深く考えなくなる。その結果、アメリカの対外政策は合理主義を貫くことになる。〝一方的（独善的）〟になりかねないのは止むを得ない。しかし、伝統文化の社会は理屈を越えた先にある。非合理の智恵を持っているのだ。

　これらの思想傾向の結果、アメリカの戦争観の特色は、一つに「異文化・伝統社会を否定や軽視」して〝アメリカ化〟を押し付けることである。

　日本文化と伝統の破壊はアメリカの建国精神に源がある。歴史の古い国、特に有色人種の文化・伝統を見下し毛嫌いする心情はアメリカ人の潜在精神構造であるといってよい。

　アメリカ大陸に移民した人々は祖国の古い伝統や習慣から逃れようとする潜在意識

を持っていることが多い。米国との同盟を組んで国家戦略を推進するときに、日本は他国の伝統文化を理解・尊重できる国家であると第三国から認識される必要がある。

四、二〇世紀は「人種差別に対する戦争」の時代

今日、アメリカ社会は人種差別を否定する。それは、第二次世界大戦後におけるアメリカの綺麗ごとの話である。それまでイギリスとアメリカほど、人種差別の激しい国はなかった。

フレデリック大王が活躍し、また、アメリカが独立戦争を戦った一八世紀の欧州は世界情勢において圧倒的な影響力を行使した。引き続き植民地獲得競争と争奪戦がくり広げられ、その軍事力はアジア、南アメリカ、アフリカにおいて無敵であった。それは、自然に白人優越（White Supremacy）を育てた。

アメリカは〝独立宣言〟において黒人奴隷が革命戦争に寄与したにもかかわらず、〝奴隷貿易の禁止〟という草案の一項目を削除した。また、先住インディアンの人権を無視した。

革命戦争に多くの黒人たちが参戦したが、アメリカ国家は「賢明な個人（財力を有する個人）」との契約で成り立つとすれば、黒人はその資格がないとされたのだ。さらに現実的な理由は、独立戦争を指導した実力者たちは多くの黒人奴隷を使用していたし、インディアンの土地を奪って農園を経営していたから、インディアンや黒人に白人と同等の権利を与えることは、自壊・自滅を意味したのだ。

それゆえ、この独立宣言は白人の植民の独立であって、有色人種は除外されていた。この〝白人優越主義〟はイギリスから受け継いだのだ。

一九一九年、日本は国際連盟規約に「人種的差別待遇撤廃」を入れるように提案した。国際連盟本部をジュネーブに設置する案を含めてウィルソン米大統領は「多数決原理」を主張していたのであるから、日本の提案は多数を獲得したが、アメリカは本件に関して「全会一致」の決議を主張して採決を潰した。アメリカの手前勝手な理屈である。

人種差別撤廃はアメリカの正義の破壊だけではなく、アメリカ社会の破壊であった。植民地を持つ欧州列強にとっても人種差別撤廃はとてもできない相談であったのだ。

しかし、〝人種差別撤廃〟はフランス革命における共和制の〝自由・平等・博愛〟と同等の革命的スローガンである。

それは、産業革命と第一次世界大戦がもたらした〝持てる者・資本家〟に対抗する〝持たない者・無産層〟による革命という社会現象を基盤にしたスローガンよりも、より人間存在の根本にかかわるスローガンだったからである。

だからアメリカは、たとえ国際連盟規約から排除しても、日本が世界中の有色人種のリーダーとなって世界革命を訴える戦略を展開するとすれば、アメリカ社会も分裂するし、植民地は独立を要求するし、世界大動乱を迎えると考えた。日本ほど危険な〝黄色い猿（Yellow Monkey）〟の国はない。これは明確な認識であった。あたかも気象現象が不連続線をもたらすように日米関係に不連続線が発生したのだ。

広島、長崎への原爆投下によって日本に与えた打撃は六〇〇〇万の日本人を死傷させる殺戮見積もりよりは少なく済んだとアメリカ人はうそぶいている。ウラン型の原爆によって広島で一〇万、プルトニウム型の原爆によって長崎で七・五万の市民が無惨に即座に殺されて日本がポツダム宣言を受諾した。

原爆を軍事目標ではなく、工業力の破壊、民衆の殺戮による士気の破壊に使用したのは総力戦理論に支えられていた。それよりもアメリカ人は日本人を〝黄色い猿〟と認識していたから、野獣を始末したにすぎない感覚だった。

「ジャップを殺すのに、アメリカ人の生命を使うな！」

第二次世界大戦後における民族解放戦争は有色人種の人種差別「白人優越主義」に対する戦争でもあったから、その火付け役はソ連の共産主義世界革命戦線ではない。彼らは民族解放に乗じて利用したのだ。本当の火付け役は日本だったのだ。しかし、その日本の成果もソ連によって〝トンビに油揚げを攫われた〟。

日本の第二次世界大戦の目的は、〝植民地民族解放〟そのものではなかったが、実質的に人種差別解消の戦いに先鞭を振るったことは間違いない。これは世界史に誇ってよい。

昭和天皇が〝第二次世界大戦は本質的に人種差別に対する戦い〟であったと独白されたと伝えられているが、まことに核心を突いた御認識である。

「白人のために黄色と戦った黒人はここに眠る」

と刻む墓銘碑をアメリカ白人は何と読んだのだろうか？　朝鮮戦争において生命知らずにアメリカ軍の機関銃に向かって突撃する中共軍兵士を見て何と感じたのだろうか？

一九五三年、黒人のように歌うエルビス・プレスリーのロックン・ロールが全米に流れ、一九五六年ごろからアラバマ州に〝黒人差別〟するバスへの乗車ボイコット運動がはじまり、やがてマーチン・ルーサー・キング牧師による人種差別撤廃運動に発展した。そしてついにアメリカの白人は降伏し、一九六四年にアメリカは「公民権法」を制定して白人優越主義を放棄した。そして一九七三年、ハンク・アーロン野球選手がホームラン王となってアメリカ白人の尊敬を獲得した。人種差別＝人権差別であったのだ。

黒人に対する人種差別がなくなったのは、日本に勝利してから実に一九年間の歳月がアメリカの内外に流れた。日露戦争から数えると六〇年の年月である。二〇世紀は、「人種差別に対する戦争の時代」と名付けてよいだろう。

五、獰猛な資本主義

アメリカ大陸に植民されたイギリス人の大部分は清教徒であった。カルヴァン派と言ってよい。

大多数のキリスト教徒から言えば、一つのセクトであるカルヴァン派は神の〝予定説〟を説き、「金儲(もう)けのチャンスがあるのは、神が与えた予定の運命」

「神は人間に生命と自由と富の追求を与え給うた」

と〝金儲けは善だ！〟としたから、カトリック派や正統派に対して喧嘩を売ったことになった。もともとキリスト教の聖書は、

「金持ちは天国の門をくぐれない」

である。イスラム教も仏教も、お金は不浄としている。しかし、運命の予定説を信じた清教徒たちが革命を起こしたのだから、アメリカの民主主義革命は資本主義が表裏一体となった。こうして世界歴史の経験則に反して物質万能（資本）主義が誕生した。

アメリカ革命の直接の原因が〝税金〟という経済問題であったことである。最初に印紙税という経済問題が英国議会への代表権という政治問題に結び付いた。これは植民の不満によって二年で消滅したが、東インド会社の植民地における「紅茶」独占販売権は経済に国境を設定したことが原因となっている。本来、歴史の経験則は、

「経済活動に国境なし」

であるが、これに反するイギリス本国の措置だったのだ。それは間違いなく戦争の直接的な原因なることも歴史の経験則である。利権の争奪が戦争の原因という人々の説は歴史の実証のない話である。本当は経済活動を国境や覇権境界の中に閉じ込める

と、産業経済人の不満が国内に鬱積するから戦争になるのである。「代表なければ、課税なし」の裏返しは、「納税すれば、政治の舞台に登る」ことを意味する。

この考え方は国益の概念の中に経済権益を取り込んでしまうことになった。本来、国際政治は国境を持つ。そして覇権の領域を持つ。その領域と市場を混同して市場を領域に閉じ込めれば戦争の種を蒔くことになる。

「軍隊ほど儲からないものはない。しかし軍隊がなければ、もっと儲からない」（古代ギリシャの伝言）

ということになる。

「愛国心と営利心は反比例する」（古代ギリシャ・ミロス島の言い伝え）のである。すなわち、究極の窮地に追い詰められれば、人間は〝愛〟か、〝私利〟かの選択を迫られる。〝愛はすべてを奪う〟のだ。ところが建国時代のアメリカ人は愛国心と営利心を結託させてしまった。

植民地の指導的立場にあった人たちは富裕なプランター（大規模農園経営者）や商工企業経営者が主力を占めていた。彼らは大勢の黒人奴隷を使い、インディアンの土地を奪って利益を稼いでいたから、人種差別を禁ぜられることは企業経営の崩壊を意味していたのだ。

アメリカは欧州を「旧大陸」と呼び、〝白人はすべて平等〟として社会階層を抹殺した。貴族階級は不要であった。当然の帰結として富裕階層が政治家となった。経済人＝政治家の構図の指導層が生まれた。「財力が権力を造り、権力が財力を造る」のである。こうして〝拝金主義〟の土壌を造ることになった。すなわち、「アメリカの正義の裏には、営利の拡大が無意識に潜んでいる」

さらに〝市場拡大〟という資本主義が加わった。これは、まさしく帝国主義にほかならない。

アダム・スミスが説いた『国富論』の真髄は、「優位技術をもって得意製品を生産することは、国と民が富む基本原理」とする〝職人主義〟であって、利潤追求を第一とする資本主義でもなければ、市場における自由競争は、「見えざる手」によって需要・供給バランスを作るという市場原理主義でもない。

市場における〝見えざる手〟は、しばしば神の手ではなく「悪魔の手（営利心）」であって、それは〝富の偏在＝貧富格差〟を作り出す。当然、この反対理論として〝富の平等〟を目的とする共産主義（生産手段の共有）が生まれるのは自然なことで

あった。アダム・スミスは、

「資本主義社会のエネルギー源は、人々に不満を持たせ、不安にさせること」

と述べていることは、人間は人間たる条件の服を着ない限り、野獣の社会を造るだけである。そのことを理解していないアメリカ社会は一〇パーセントの人が八〇パーセントのアメリカの富を握ることになっている。

アメリカ人が共感した資本主義は市場争奪と市場を囲い込み、さらには生産手段の国有化という火種を内蔵していたことになる。

こうしてアメリカの正義による戦争は、常に〝市場の拡大〟が裏の戦争目的になっている。そして経済活動には国境なく市場のみであるとすれば、アメリカの戦争は市場争奪戦となってしまう。

日本の伝統的思想では、〝金銭は不浄のもの〟とした。それによって、

「権力と富を分断すれば、富の配分が公平に近づく」

という経験に基づく伝統の智恵であった。

古代ローマ帝国も同じ考えであった。貴族や元老院議員たちは利潤を追求する職業につくことは社会的に許されなかった。それがローマの富を広く市民に分配する基本の社会ルールだったのだ。初代皇帝となったオクタヴィアヌスが厳命したのだ。そし

てこのルールがローマ帝国において崩壊したときに、帝国そのものも崩壊したのだ。例えば、家庭における主人が財布を独占すれば、権力のない妻女と子供たちは貧者になって自尊心を傷付けられやすい。アメリカで離婚が多い最大の原因なのだ。日本では、財布は妻女が独占して権力の主人との尊厳の均衡を保つから、家庭は平和を保つ。

「利潤（獲物）を追うのは自然権（資本主義）」なら、「支配するのも自然権（征服主義）」と変わらない。それは、野獣が自由と生命の保持と幸福の追求の域から、一歩として人間の領域に入っていない論理である。

征服主義は、〝万人の万人に対する戦争〟となって無数の死骸を地上に曝す(さら)ように、資本主義は〝万人の万人に対する利潤収奪〟となり、無数の極貧者を路上に放り出すことになる。両主義はともに人間の衣を着せて統制することが不可欠である。それが国家にほかならない。

日本は米国の軍事力を利用しないかぎり、国際社会では最小限の努力で最大限の国益を獲得することはできない。しかし、日本は資本主義的利潤追求の国家ではないことを世界の国々から認識されないようであれば、経済的利権の損害を覚悟しても、獰猛(どうもう)な資本主義の国家ではないことを世界の人々から理解される智恵が必要である。

第六章——三つの危機迫る

一、外なる危機「中国の軍事力」

戦争学という視座から今日の日本を見れば、日本は三つの危機に直面している。

その第一は、隣国に巨大な軍事国家、中国が日の出の勢いで成長していることである。

第二は、国際社会の国家以外の交戦団体が秩序を乱す傾向にあることである。

そして第三は、日本自身が伝統精神文化を失い、国際社会において単なる経済・産業地帯に堕して行きつつある問題である。

現状の日本は敗戦憲法と日米安保（保護）条約および地位協定によって、国際政治的にも、軍事的にもアメリカ政府と相談なしに独自路線を歩むことはできない状態にある。これまでにできたことは、「富国強兵」のうち、「富国」だけであった。「強兵」政策は、敗戦憲法によって日本人の心理が強兵忌避症を患っていることと、アメリカの対日「壜の蓋」政策によって口にすることもできなかった。それどころか日本はウィルソン米大統領の宣教師外交病に罹って、無筋力国家という病人になっている。

一九五〇～一九五三年の朝鮮戦争によって、アメリカは米軍基地警備を間接的に行なわせるために警察予備隊を創設し、やがて国内治安維持の予備隊として保安隊に衣替えさせた。

朝鮮戦争が〝勝利なき戦争〟として休戦した翌年、保安隊は自衛隊に変身した。しかし、自衛隊は政治家によって「戦わない軍隊」として位置づけられた。だから誰も戦うことを研究する必要はなかった。

防衛（戦争）の計画さえも造れなかった。言葉の遊びではないが、防衛するが戦争はしないという位置づけである。わずかに不測事態対処計画だけを作成することになっている。そしてその不測事態対処計画をもって日本の国防戦争計画と国民に平気でウソをついている。

もちろん、自衛隊員は戦争しない兵士たちだから、「戦死」することはない。たとえ不測事態で戦って死亡しても、「事故死」扱いだから、靖国神社は英霊として迎えてくれない。

国民だけでなく、政治指導者までもが国際政治を経済の視点でしか判断しなくなった。

ところが中国の経済は一九八〇～二〇〇六年まで年率平均九パーセント強で成長してきた。それ以上にこの期間に成長したのは、公表一三～一六パーセントで伸びた軍事予算である。しかし、実際の軍事予算はこの三倍と世界的に評価されているから、平価基準で算定すれば日本の防衛予算などは足元にも及ばない。

中国の軍備拡張において、島国である日本が特に注目しなければならないのは、核戦力が第一であり、第二が制海権の獲得・維持能力である。ミリタリー・バランス二〇〇五／二〇〇六によれば、戦略核ミサイルは八〇六発を保有し、さらに拡充中である。そのうち中国と朝鮮半島の国境近くの通化に、二四基の核ミサイル発射機が敷設され、日本を照準している。

さらに戦略原子力潜水艦一隻を保有し（編集部注：二〇二二年一〇月現在、七隻就役）、黄海、東シナ海、南シナ海の海洋調査に余念がない。日本の排他的経済水域はもちろん、領海内まで無断で調査船を侵入させている。これは巧妙な既成事実の積み上げ戦略であることは間違いない。口頭注意では北京政権に対して何の外交を行なったのか成果が挙がるわけもない。

北京政権は、中国共産党軍の近代化はシナ大陸を防衛するためであり、清王朝の最大繁栄期の支配地域を奪還することだと明言してはばからない。その領域の中には南西諸島がすっぽり含まれているのだ。

なぜ、日本の外務省、防衛庁、海上保安庁、マスコミが中国に対して怯（おび）えてものが言えないのか。それは中国の核戦力にほかならない。

「核兵器を持たなければ、侮（あなど）られる。全中国人が薄いスープをすすって生きても核兵器を！」（毛沢東）

核弾頭と戦略ミサイル、戦略核潜水艦、宇宙偵察・警戒衛星の三点セットの威力は、

(1)　相手の核攻撃を抑止できる

(2)　侮辱されない

(3)　国際的発言力が高まる

である。この意味で、核兵器は「政治兵器」である。しかも中国は大規模核戦争に

なった場合、人口の半分を犠牲にしても核打撃を交換（第二撃）すると広言してはばからない。

今日の最先端技術によって開発された核兵器は小型で命中精度が高く、多目標同時攻撃が可能だから、敵軍事力を目標にして軍事的に使用可能なレベルに達しているので、相手が核兵器を持たなければ作戦兵器といえるかも知れないが、相手が核兵器を保有し、報復のための第二撃能力を保有していれば、核攻撃はたちまちエスカレートして市民に対する無差別報復を受けることになりかねない。

中国の核戦力は、（1）として国民犠牲戦略と相まってアメリカの核打撃を封じ込めてしまった。言い換えれば、日米安保条約に基づく日本へのアメリカの「核の傘」は、無くなったと言ってよい。それどころかアメリカの通常戦力の行使さえ躊躇させる効果を持つことになった。

（2）と（3）によって、中国に対する日本の毅然とした態度——それは中国からすれば、中国に対する侮辱——を封じ込めてしまった。

こうして中国は核武装によって実質的に日米安保条約の効果を半減させるとともに、日本に対する軍事力を間接的に行使できる態勢を確立した。その上、着実に北朝鮮を従属国化して日本とアメリカに対する牽制・抑留作戦を展開している。

中国は日本の領土である尖閣列島を中国の領土として宣言した（一九九二年、中華人民共和国領海法および接続水域法の制定）。

中国の軍事力強化は、「ビスマルク戦略」と言われている。対外的には公表する国防予算は実際の約三分の一で、自国の安全保障のための軍事力の維持と言いつつ、核戦力の増強と併行して海軍力の増強も目覚ましい。

その結果、軍事力の間接的行使で日本の主権である領海と排他的経済水域を侵略しているだけでなく、日本が排他的経済水域を活用しようとすれば、軍事力で威嚇・恫喝する態勢をとっている。

例えば、日本の排他的経済水域ギリギリに「春暁ガス田群」を開発し、日本側海域において日本が海洋開発しようとすれば、中国海軍によって阻止妨害することは間違いない。その危機はすぐそこに迫っているのだ。

外交を主役とし、軍事力が助役をつとめる間接的な軍事力の行使には、

「軍事情報活動」

「武器輸出」

「平和維持活動」

「監視」

「情報攻撃」
「示威・牽制」
「一方的宣言」
「威嚇・脅迫」
「妨害」
「干渉・割り込み」
「基地建設」
「間接封鎖」
「反政府活動への支援」
「代理戦争」
「進駐・占拠」

などがある。北京政権は沖縄の米軍基地反対運動や石垣島の空港拡張への反対運動に対し密かに支援している。石垣島などの先島列島がハワイのように開発され、良好な海港と空港が建設され、日本人だけでなく、多くの外国人が観光地として訪れるようになれば中国の海洋作戦は困難になる。

中国はわずか九六万平方キロしか排他的経済水域がないのに、渤海、黄海、東シン海、南シナ海の合計四七三万平方キロのうち、三〇〇万平方キロを自国の支配海域と宣言している。

中国は太平洋側の第一国防線をロシアの沿海州、樺太、日本列島、南西諸島を連ねる線としているから、近い将来、軍事力の間接的・直接的行使をもって既成事実を着々と積み重ね、日本の主権を確実に侵略することは間違いない。それが中国の戦略なのである。

軍事が主役を勤め、外交が脇役を果たす直接的な軍事力の行使には、

「浸透・工作」
「ゲリラ・テロまたはコマンド襲撃」
「検問・拿捕（だほ）」
「撃墜・撃沈」
「島嶼（とうしょ）など領土の部分的占領」
「制海権・制空権の奪取」
「直接封鎖」
「砲・爆撃、ミサイル攻撃」
「陸軍による侵攻」

などがある。

日米安保条約第五条に基づくアメリカの日本防衛（陸上作戦については共同、海・空作戦については支援のみ）は日本の施政権が及んでいる地域とされ、きわめて限定されているから、北方四島、竹島の奪還には米軍は洪手傍観するだけである。尖閣列島や先島列島が中国の間接的軍事力の使用によって日本の施政権が既成事実として失われれば、日米安保条約の適用範囲外となってしまう。

また、日本が本土防空に航空自衛隊を運用し、領海の防衛に海上自衛隊を運用してもアメリカ軍は支援することが義務づけられているだけで、共同作戦として参加する義務はない。

自民党の人々は日本が航空攻撃、海上攻撃を受ければ、日本の「自衛隊が盾、米軍が槍」として相手国を攻撃するという説明は施政権がおよんでいる地域という厳密な条件付きである。逆に米海空軍が自主的に出動するとすれば、その目的は第五条に基づく日本の防衛ではなく、第六条に基づく在日米軍基地の防衛である。このところを勘違いしないことである。

中国の強大な軍事力の脅威と、それに支援された北朝鮮の脅威の危機が切迫しているのである。

さらにもう一つの中国の脅威がある。それは台湾に対する侵略である。もし、台湾が中国の支配下に入れば、日本は中東からの海洋生命線をバシー海峡で切断される。日本にとって中東から運んでくる石油の一滴は日本人の血の一滴に値する。その危機が間近に迫っている。アメリカ軍が一〇〇パーセントの確率で台湾を防衛するとは言い切れない。

なぜなら、中国が戦略核戦力を強化するにともない、

「米中関係は戦略的パートナーシップである」

と両国が言い始めた。

戦略的パートナーシップの意味は西太平洋と東南アジアにおける影響力の行使は米中が主役であって、日本には口出しさせないという意味だから、台湾問題は米中の戦略的妥協で、

「台湾は中国の自治領または一国二行政」

という形で取引されると、中国はバシー海峡を内海化して日本の喉元を締め上げることになるだろう。

日本は独自路線で、台湾の安全を軍事戦略的に支援しなければならない危機が迫っているのだ。

それなのに日本の外交は幣原外交（一九二四～一九三一年）の失敗を教訓とせず、友好第一とする〝寛容と忍耐〟で諸外国の好意にすがる屈辱外交を続けている。

二、冷戦の鬼っ子「交戦団体」

国際社会という大洋に漂う最高の主権者は国家であるとするのは、少なくとも第二次世界大戦までは二六〇〇年の有史以来、人類の常識であった。だから、明治維新前に薩摩や長州藩が外国と戦争すれば、それは日本の戦争として幕府が賠償責任を負った。

中国における義和団と外国軍の戦争も清王朝の戦争として扱われた。国内の武装団体が外国と勝手に戦争しても、そのような武装団体の行動を統制できない国家が悪いとされたのだ。そのような武装団体が国際社会における最高の主権者とは認められなかったのである。

ところが、第一次世界大戦が終わり、列強の植民地において独立を目指す人々が宗主国に対して独立のための戦争を起こしたとき、第三国に対してまでも軍事力を行使する事態が多発した。

また、宗教的団体やイデオロギー団体が国家の統制に服さず、外国と戦争する事態が多発した。これをソ連が中心となる共産主義諸国が肯定し、国際社会において国家と肩を並べる交戦団体と位置づけることを主張した。

具体的には交戦団体の兵士が識別を明らかにし、指揮系統を有して戦えば捕らえられても「捕虜」として取り扱われるというのである。本来は単なる犯罪者であるのに――。

例えばベトコンであり、今日のハマスであり、ヒズボラである。あまつさえテロ集団であるアルカイーダまで交戦団体だと主張する人々まで現われる始末である。こうして国家以外に最高の主権交戦団体が国際社会にうごめく結果となった。

これほど国際秩序を乱す論理はない。もし、このような悪い認識が続けば、侵略の悪意ある国家は逆に国内に偽装の交戦団体を棲息させ、他国に対して挑戦させ、その戦闘行為は自国の国家意志の発動ではないと言い逃れし、抗議・討伐作戦する国を逆に侵略者の烙印を押して犯罪者として指弾することになる。

かつて幣原軟弱外交の隙に乗じた毛沢東や蔣介石の対日挑発は中華民国政府の統制を逸脱して行動し、第一～二次上海事件を起こした。これがまさにこの実例である。

国際的ルールを逸脱していた。

このように国家とは別の交戦団体を認めると、北朝鮮は特殊部隊を国家の外の交戦団体として偽装し、日本に襲撃し、日本海の日本漁船を拉致しても、金正日政権の責任ではないとうそぶく事態が発生することになる。いや、そのような事態の危機は目前に迫っている。

彼らは偽札を持ち込み、麻薬を密輸し、沖縄の米軍基地反対運動を支援し、石垣島の観光開発を妨害し、各種犯罪者要員を送り込み、安全保障の情報を盗み、国策関係者を買収し、細菌や毒ガス・放射能物質をバラ撒き、原子力諸施設を破壊攻撃するほか、要人に対するテロ攻撃を行なうだろう。さらに過激になれば、市民を無差別に殺戮する破壊活動を展開することになる。

日本政府は速やかに対処する計画を作成し、必要戦力を準備し、このような交戦団体を一撃のもとに粉砕する決意を発表するときがきている。もちろん、偽装の交戦団体が北朝鮮に逃げ込めば、アメリカがアフガニスタンやイラクに陸軍をもって掃討作戦を展開したように、日本も掃討作戦を実行できる態勢を整え、その決意を発表することが必要なのである。

国家以外の交戦団体がその住み着いている国家以外の他国に軍事力を行使するとき、

その団体を戦争の主権者と認めるとする現在の国際的認識は歴史の慣例に戻さなければならない。

彼らは彼らの国内において反政府武力闘争を行なう場合を除いて、国際的犯罪者なのだ。日本は、このような冷戦の遺物を修正する唱道者にならなければならない。

三、内なる危機「日本文明の崩壊」

紀元前四八〇年、古代ギリシャのアテネの名将テミストクレスはペルシャの大軍をサラミスの海戦において撃破した。

『英雄伝』の著者ブルタルコスは、

「海が本当の民主政治の起源になった」

アリストテレスとブルタルコスの哲学者が画いている国家とは、国際社会という大洋を航海しているガレー船である。一人一人のチーム・プレーによって豊かで安全な船が平和な海を目指して航海している姿である。乗組員と船の関係は契約関係でもなければ対立関係ではない。乗組員は祖先の業績を受け継ぎ、伝統と訓練によって果てしない航海を続ける。もっとも、その船板一枚下は地獄である。

現在、生存している人間が集まって契約し、資本を出し合って会社を立ち上げるに似た人工国家ではない。そのような会社に譬えれば、一たび倒産すれば人々は砂のように飛び散って人工国家は地球上から消え去ってしまう。

シナ大陸には、「天命」という庶民の不満によって何回も違った王朝が出現しては滅亡し、そのつど新しい国家になったはずであるが、中国人は三〇〇〇年の歴史を持つ中国は一つであると主張する。ドイツやフランスは何度も違った国体の国家に生まれ変わったが、彼らは一つの国家としてのアイデンティティを主張している。

国家とは、情緒的な精神的結合体であって合理的理論に基礎を置く人工物ではない。それは、まさしく航海しているガレー船なのである。国民が契約して造った船ではなく、手に汗して労をもって造った船である。

もし、その船が破壊して沈没すれば、乗組員は国際社会という大洋を個人個人で漂流することになる。他国という船には許可がなければ住むところがない。保証人もいない。

一八〇六年、ナポレオンはイエナの会戦においてプロシャ（ドイツ）軍を徹底的に撃破して首都ベルリンに向かって追撃した。そしてベルリンに入城した彼は、その南方にあるフレデリック大王の墓に詣でた。フレデリック大王の戦史はナポレオンの師であったのだ。

そのあと彼はプロシャ国王フレデリック・ウイリアム三世と会見した。そしてエルベ河以西の地域をフランスに割譲する代わりにプロシャの国家の生存を認めるとした。プロシャ国王も同意した。しかし、数日後、ナポレオンはプロシャ全土をフランスに併合すると約束を違えた。

だが、このあとプロシャ国民は、一七五六年、対プロシャ大同盟を組んでいる北のスウェーデン、東のロシア、南のオーストリア帝国、西のフランスという圧倒的な軍事力に包囲されて滅亡の淵にあったときと同じように立ち上がった。

ときにドイツの哲学者フィヒテは祖国愛に燃えて一八〇七〜一八〇八年の冬に『ドイツ国民に告ぐ』（前出）をベルリン大学の学士院において講演して祖国愛の必要性を訴えた。

自我（自分は何かの認識）は自分を歴史の中で認識し位置づけることである。判りやすく言えば、祖先からの「連続」としての自分の存在である。哲学的な人々の言葉を借りれば、〝拡大された自己認識〟である。

プロシャ国民は、欧州人になる前にドイツ人であり、ドイツ人である前にプロシャ国民であると認識せよ。そうでなければ、こんな危機に直面しているプロシャにいる必要はない。もっと安全なところに行くが良い。プロシャに留まるなら、自分は国家の有機的な一部として自己の位置を認識せよ、と教えた。

「拡大された自己が独立と自由を欲するなら、生命を捨てて獲得せよ」である。彼は国民の独立のためには国民全体の道徳的革新が不可欠と考え、その手段を青少年の教育に求めた。

大人は青少年に対する「公（public）」の教育を実践することによって、国民の団結を作り上げることになるとしたのだ。

青少年に対する教育の在り方は、

「愛なき知識は死であり、知識なき愛は盲目である」

の名言を残した。大人は寡黙であるが、真摯（しんし）に高い精神的気位をもって真っ直ぐに生きている姿を子供たちに示すことによって青少年が道徳的に間違った道に踏み出すことを抑止しなければならないとした。だから青少年に対する教育は口先で教えるのでなく、知識を体得させる教育を実践することが大切だと説いたのである。

ところが敗戦後の日本人は拡大された自己認識を捨てた。

戦争で戦った国民が被害者なら、靖国神社に祀られている英霊も被害者なのか？

ここに被害者と考えていない生き残りの勇者の言葉を紹介したい。

昭和一二年、二三歳で現役兵として陸軍歩兵となった井上咸氏が将校として満州から南シナ戦線に移り、第二次世界大戦勃発とともにマレー半島コタバルに上陸してシンガポール攻略戦に参加。さらに激戦で勇名を轟かせた第一八師団第五五連隊の一員として足掛け九年の長い期間、休むまもなく最前線で戦い抜かれた。その記録『敵・戦友・人間』（昭和出版　昭和五八年）のあとがきから一節を紹介したい。

「〝歩兵〟は陸上戦闘の華と謳われ、軍の中核として伝統的に最も誇り高い兵科ではあったが、その実体は最も原始的な、そしてそれ故に最も人間臭い、悲しい兵科であった。――（略）――自分の〝脚〟と〝銃剣〟が最終的な頼りである。食糧と弾薬を自分の背に負い、自分の脚で歩き馳せ、その肉眼で敵を確認し、手の届く至近距離で敵と対峙し、機会を求めて白兵戦を挑む。常にどの兵科よりも、〝敵〟と〝死〟に一番近い位置に座を占めて、そこを離れることができない。――（略）――しかも彼らが〝死〟を賭ける〝敵〟には個人的に何の恨みも憎しみもない。お互いに生きた〝人間同士〟なのである。――（略）――

私は、困難な作戦や、苦しい戦闘中、極限の世界で呻吟する裸の人間の（自分も含め）いろいろな姿や声を見聞きした。人間の弱さ、浅ましさ、醜さを見た。しかし、それ以上に、人間としての――それは敵、味方、勝敗に関係なく――心の強さ、暖かさ、美しさ、そして哀しい面を多く見、感じることができた。――（略）――

ただ、この戦記を綴ったときの心構えとして、自分を〝戦争の被害者とする〟立場――それは戦争責任や被害の一切責任を他に求めて、自分は、単なる被害者なんだと言った自らをみじめな存在にする――そういった立場には置きたくないと思った。

私は、夢多き青春の大部分を戦野に埋め、事実、失ったものも大きかったが、それは奪われた青春というよりは、自ら捧げ尽くした青春として一種の誇りのような感じすら持ち続けている」（昭和五四年記）

靖国の英霊も、同じ立場で靖国神社の桜の小枝で咲いている。戦争加害者「戦犯」と戦争被害者「国民」の対立図式の中に彼らは入りえない。だから、全国の護国神社も姿を消し、英霊の居場所は靖国神社の庭だけになってしまった。われわれは、英霊に堂々と住む場所も提供しない日本民族に落ちぶれてしまったのか？

戦後の日本人は六〇年以上、自分の心にこの二つウソを吐き続けてきた。そして英霊の心（こころ＝舟を漕ぐ）を忘れていたのである。英霊たちは身命を賭して日本という舟を必死に漕いだというのに――。

もう一度、日本人の先祖が汗して残してきた日本文明という財宝を甦らせなければならない。

それは人間性の価値が物質文明の価値よりも高いという価値観の確立である。高い気位、矜持、道義などの精神的価値が物質的豊かさよりも価値が高いとする認識である。

このような日本文明を取り戻すためには、第二次世界大戦における連合軍が日本占領期間において行なった「戦争犯罪洗脳」政策を廃止することから始めなければならない。

日本の社会は、一三世紀の後半から各地に社会的地位が同等の自治組織「惣村」が構成されて、それらが相互に有機的に結合された。惣村の考え方は、かならずしも家族・氏族主義の延長にはない。地縁的結合の〃一味同心の民主主義社会〃であり、なによりも平等と人間の条件（公正、名誉、仁愛）を基本とするスイスの直接民主制によく似たシステムであった。洋の東西では、大人の条件に「礼」を加えている。

被占領憲法は、日本人に二つの大嘘を信じ込ませた。一つは、人間にとって力の使用は悪である。したがって、ゲンコ打ちは悪であると信じ込ませたことである。人間である条件（正、恥、愛）を満たしていない者は動物と同じで、鞭打ちで調教しなければならないことは、古今東西変わらない原則である。

第二のウソは、法は万能である。したがって、どんな非人間的行為を見ても、力で阻止してはいけない。彼らの人権を法によって守護するため、すべて警察に訴えて解決せよである。そこには人間の持つ判断力と行動力の介入を否定している。侮辱という言葉の暴力はゲンコという腕力よりも悪業であるが、日本の法律はこれを逆転させている。

この二つの大嘘を占領軍の片棒を担いで、したり顔でバラ撒いた法律家や教育者が国賊であることは絶対に間違いない。

世界の国々では、人間が秩序（法）の世界と無秩序（腕力）の世界の両相で生きているから、警告、注意、説教などには、警告打（消える痛み）、阻止打（動きが止まる痛み）、罰打（苦痛の痛み）によって担保する慣習的に妥当な力の行使を人間の生活手段として認めていて、適正な行使要領を家庭、学校、社会で教育しているのである。

惣村でも、慣例的な力の行使による村の子弟の教育を認めている。だから、自分の子供だけでなく、村の子供の悪行には大人や先輩がゲンコで矯正した。「非人になるな！」である。

惣村の運営組織は、「乙女」と呼ばれる複数の長老集団と国家政治から派遣され、惣村の一員として一味同心に同化した「沙汰人（外部組織との繋ぎ人）」および「若衆」で構成された。武力を行使するときは、若衆が「地侍」という惣村の軍人になった。

もちろん、惣村が国家組織から不当な要求を受けると、「一揆」を起こした。一揆では、一味同心の決意を約束するために「血判」を行なった。だから、その力は侮れないものであった。こんにちの街頭デモのような生易しいものではない。

このような一味同心の考え方は、農村に留まらず、武士社会にも普及した。日本の武士道は主君に対して絶対的服従することが「忠」だと誤解されているが、武士道の基本は「公正」であったから、不道徳な主君に対しては生命を賭けて諫めたし、公正を追求するためには主君を倒したり、逆境をものともせず、生命あるかぎり義のために戦い抜くのが真の武士道であった。

その地縁的結合が優先した枠内での家族主義が尊重された。家族主義は、家長によって束ねられ、氏族は母屋（本家）の家長が束ねた。国民は一〇〇世代も遡れば、天皇家を中心にした一族集団と考えられていたから、日本民族は一家族であるという認識である。「天である皇帝＝天皇」は、天下の皇帝より上位なのだ。

日本の社会は、このように違った社会秩序の概念が重畳（ちょうじょう）されている。だから欧米のように統治者階層と被統治者というように区分されるような社会ではない。端的に言えば、日本の伝統的社会は〝自由よりも平等〟であった。

すなわち、個人主義を基調とする米国型の核家族社会の構想はまったく日本には似合わないし、適用できないと考えるのが妥当だろう。

日本文明は、まさに崩壊の危機にある。その崩壊は日本があたかも株式会社の倒産のように日本民族を流民にすることである。

第七章——海洋国家の戦争学

一、国家戦略

戦争学の視座から日本を標定してみよう。日本は島国である。しかし、多くの日本人が〝日本は海洋国家〟というが、海洋国家としての歴史的経験はきわめて浅い。日本は明治維新まで海洋国家と言えるような経験を持たなかった。

ちなみに明治以前に発達した日本の主要都市は内陸交通の要衝に所在している。これは大陸国家と同じ傾向を持つアウタルキー国家であった証拠で、〝日本人は農業民族だから〟というセリフの源である。

アメリカは巨大な大陸を国土にしているが、主要な都市は海洋沿岸に発達していて、日本と正反対である。これがアメリカは戦略的に見れば、海洋国家といわれる所以の一つである。

日本は菅原道真の建策によって、シナ大陸の唐王朝と国交を絶縁（遣唐使の廃止）した八九四年以来、約一〇〇〇年間、国際的に閉鎖国家であった。一六世紀初期に伊予の海賊、村上雅房が気象・海象、海洋知識、航海慣習などをまとめた『航行要術』を書き著わしているが、日本には海戦の理論も海洋戦略も育つことはなかった。造船技術は沿岸航行船舶が主体であって、遠洋艦船の造船技術は育たなかった。日本の船舶は竜骨もあばら骨もない構造で、板を張り合わせた構造であった。シナ大陸のジャンクのように、密閉した箱をつなぎ合わせたような構造でもない。これでは遠洋航海はできなかった。

日本が海洋国家に目覚めたのは明治維新以降の約一四〇年の歴史でしかない。だから、そのあと「脱亜入欧」した日本には、西欧の海洋戦史がよく似合う。

船が資産であり、乗組員の家である船乗り生活は、大陸国家のような社会階層を必要としていない。

まず、船が漂流しないためには実力のある船長を選ぶことである。船を最大限の機能を発揮して航行させるためには、それぞれ機能専門のスペシャリストとしての船乗りが必要である。そしてそのような専門的乗組員の機能を効率的に組み合わせる航海士というゼネラリストが必要である。

機敏に航海する船に必要なものは、「行動的なチーム・ワーク」であり、「協働の精神（和心）」がなければならない。

「和心とは、〝平和〟〝親和〟〝調和〟」である。自由と独立、個人主義ではない。なぜなら、船員はいつ病気に罹ったり、海に落ちるかも知れない。すぐに代役がいなければ船は運航できなくなる。

だから船乗りは軍隊における戦友システムのようにバディを組んでおくことが不可欠である。自分の役割を果たせば隣人のことは関係がないという社会ではない。船上の船乗りはトーマス・ホッブスが説く〝家族〟なのだ。海洋国家を画くときの絵に使いたい。

その見本は古代では、アテネ、中世ではヴェニスであろうし、今日ではスイスであろう。

日本では、一三世紀から〝一味同心〟の思想が農村に発達した。一味を構成する「惣村」と呼ばれる村人たちは、平等で一心同体のチーム・ワークで、村全体が一つの船のように行動し、不当な政治権力に立ち向かった。メンバーは、相互に〝輩（ともがら）〟と呼び合った。日本が開発した民主制の原型である。個人主義の民主制ではなく、〝一味同心〟の民主主義である。これはスイスの〝住民集会〟の民主制に似ている。

これに対して大陸の国家は中央集権的な統一国家にもなれば、分裂して多数の国家群にもなることができる。しかし、海洋国家は団結しないかぎり座礁する。交易に生存を懸ける海洋国家は、交易相手国の内陸問題に関心がない。必要なときに、必要な資源が交易所（Factory）に集まり、公正な取引ができれば、後は航路の安全使用で充分である。

すなわち、海洋国家の関心は交易地と商圏にある。交易が公正かつ公平に行なわれ、航海の安全が得られるかぎり、軍事力の行使に訴える必要もなければ、領地を持つ必要もさらさらない。海洋国家は交易地の拡大を追求する。しかし、交易のルールが損なわれれば問題である。

海洋国家が大陸の奥地に利権を持つと、大陸国家相互間の戦争に巻き込まれることになる。大陸国家に対する政策は「勢力均衡」であり、大陸に強大な国家を造らせないことであって「同盟の逆転」は海洋国家にとって悪夢である。

それゆえ、大陸国家に対する内政干渉は、干渉戦略といわれるほど重要である。二つ以上の大陸国家のパワー・バランスを測り、小さい海洋国家であっても、対立する二国のいずれかに同調することによって、キャスティング・ボートを握ることが重要である。

干渉政策の第二の具体的方法は、「遠交近攻外交」を行なうことになるが、〝遠交〟のために外交的支援・協力を行なうことは適切であるが、軍事同盟を組むことは避けなければならない。

遠交近攻政策は、かつて英国が成功したように、近いフランスと対立し、横方向に遠いドイツと友好を結んで成功したように、大陸側の沿岸沿いに活用する政策である。かつてペロポネソス戦争において、アテネがペロポネソス半島奥深く同盟を結んで陸軍兵力を消耗した歴史の教訓は、世界の常識となっている。なぜなら、大陸内部における作戦に巻き込まれたからである。

したがって、敵対的な大陸国家の海洋交易を遮断し、友好的な大陸国家に対して経済支援を行なうのが一般的方法である。

また、強力な大陸国家の国内紛争を助長することは見逃してはならない施策である。

一方、他の海洋国家との関係は、海洋利用について独占する必要はさらさらない。

である。

同盟について観察してみると、大陸国家が数個の隣接国家を越えて遠くの大陸国家と同盟を結んでも軍事効果はほとんどない。第二次世界大戦における日独伊三国同盟がその典型であった。

一方、海洋国家は大陸国家と対立することは国家の存亡に致命的ではないが、他の海洋国家から孤立することは致命的な外交の失敗である。第二次世界大戦前の日本は西太平洋に基地を有する海洋国家アメリカ、イギリス、オランダと対立して孤立した。

海洋国家は、より多くの海洋国家と同盟を結んで基地を相互に利用し、海洋機動の範囲を拡大するのが外交戦略である。

海洋国家の交易範囲は、通常、全世界におよび、自国の海軍による制海海域をはるかに飛び出すことになる。したがって海洋国家は相互に同盟を組んで、交易の安全を図ることになる。それは輸送行動の防護だけではなく、交易所における安全と公正な交易を担保することである。

これに対して大陸国家は生存に必要な資源を大地から獲得する。より多くの資源を獲得するためには領土の拡大を追求することになる。

結局、大陸国家の戦争目的は「敵国の占領」で、方法は〝敵部隊の撃滅〟であるが、海洋国家の戦争目的は「交易所の拡大」であり、手段は制海権の獲得となる。一六〜一八世紀において海洋覇権を確立した英国は、次のように述べている。

海洋国家の戦略能力は、

(1)　海洋交通の要衝に位置する戦略的地勢
(2)　優れた軍事基地の戦略的展開
(3)　海洋民族としての資質〝シーマンシップ〟
(4)　海洋国家としての政策力
(5)　付加価値の高い商品の生産力
(6)　国民の団結、規律、士気
(7)　外交力
(8)　海洋軍事力（海空軍機動戦力＋海兵隊戦力）

となる。「人口の大小」や「国土面積の広狭」は、海洋国家の国力の要素とはならない。これは大陸国家と大きな違いである。

海洋国家が大陸に交易所を得て安定した交易が行なわれているうちは海洋国家と大陸国家の関係は、少なくとも軍事紛争や戦争に発展することはない。

だが、地政学的相違がもたらす海洋国家と大陸国家の価値観や生活感覚の違いから摩擦が絶えることはない。

そして大陸に強大な国家が出現して通商が統制される（実質的に朝貢貿易化する）と、海洋国家にとっては致命的になる。まして海洋国家の対岸に存在する大陸国家が同盟を結べば、海洋国家にとって恐怖である。かつてオーストリア帝国とフランスが同盟を結んだ（同盟の逆転）ときは、イギリスの大陸諸国に対する〝勢力均衡政策〟が破綻し、イギリスを縮みあがらせたのである。

小アジアに強力な古代ペルシャが出現し、外国との交易にさまざまな制限を加えたとき、イオニアから輸入する食糧に依存していた古代ギリシャの都市国家の人々は軍事力の及ばない黒海にまで交易圏を広げ、フェニキュア（現在のレバノン）の人々はジブラルタル海峡を越えて大西洋沿岸にまで交易圏を広げた。

交易という経済活動には国境がない。政治が経済活動を道具にしたり、国境がない経済活動を支援（国家の国益に経済利権を取り込んだり）したりすると、無限に覇権領域を拡大しようとして戦争の原因になることを警告しているのだ。端的に言えば、利権が覇権を求めることは危険である。その代わり、経済活動は国家の政治活動の障害にならないことが「商売の節度」ということになる。

もし、海洋国家（例えばイギリス）が他の海洋大国（例えばアメリカ）と海洋を挟む地勢関係にあれば、海洋は大陸国家に独占されることはないから、大陸国家（フランスやドイツ）と争うことなく共用が可能である。

それゆえ海洋国家は大同団結して大陸国家の脅威に対抗する国家戦略が優先することになる。キーワードは「海洋は共用可能」である。

海洋国家の国家戦略において、第二の基本方針は大陸国家の海洋進出を阻止し、封じ込めることである。

大陸国家が海洋進出しても問題がないではないかと思われるが、大陸国家のメンタリティは領土の獲得に執着する特性があるので、大陸国家が海洋力を持つと、たちまち交易所周辺の地域を占領しようとする。

例えば、スペインやフランスが海洋力を保持したときに、彼らは南北アメリカ大陸において、南インドにおいて、東南アジアにおいて領土を獲得しようとした。それは、海洋国家の交易利権や交易所を破壊してしまうことになる。

海洋国家と大陸国家の植民地政策には顕著な違いがあった。大陸国家は、大陸における隣接国との戦争感覚をそのまま植民地に持ち込んで植民地を占領し、併合しようとする。いわゆる帝国（属領）主義であるこれに対して海洋国家が植民地を持てば、基地と制海権を確保すれば植民地獲得の目的が達成することができるので、植民地自体の内政や産業には介入せず、植民地の外交・軍事権のみを支配することになる。いわゆる属邦（自治領）主義である。

これが第二次世界大戦に勝利したアメリカの対日政策の基調である。この方が宗主国の負担が少ない。典型的な例はイギリス、オランダ、ポルトガルの植民地政策であった。

このような場合、海洋国家と大陸国家の争いは通常、交易先で始まる。例えば、英国とフランス、英国とスペインの争いは、インドやカリブ海で始まった。それはやがて海賊という海洋ゲリラが大陸国家の通商航路を襲って破壊する。海賊の背後には海洋国家が支援することになる。

情報化時代に海賊でもないだろうと思われるが、それでも軍事演習に名を借りた「一方的宣言」、泊地（寄港先）の拒否、航路の統制などによって海洋国家が大陸国家の交易や海洋活動を阻止・妨害することになる。

最終的には大陸国家の港湾を封鎖する。例えば、英国艦隊はしばしばフランスの要港ツーロンを封鎖した。スペインに対してはカジス軍港を封鎖し、英国海峡の航行を制限した。

二、軍事戦略

戦争は〝熱戦〟ばかりではない。すでに人類が経験したように〝冷戦〟がある。恒久的平和は、平和主義の哲学者であったカントさえかぎりなく近づけるかもしれないが、不可能であると指摘している。そして地政学的対立や異質な国体の対立、国力の消長による覇権の不均衡という戦略的構造にもとづく緊張や対立が続く。平和の反対概念は〝不和〟であって、かならずしも戦争だけではない。

だから、国家戦略は、この不和の国家関係において有利に自国の自由、生存と繁栄を獲得するかの策略にほかならない。そして戦略である以上、潜在的および顕在的の要注意国家、不和国や敵国が存在するのは当然である。すなわち、軍事戦略では「仮想敵国」を設定しなければならない。

国家戦略は、〝外交政策〟と〝軍事戦略〟が一体となって遂行される。外交と軍事は、車の両輪のように同時並行的に回転して前進する。外交と軍事は相互に補完するものではない。

海洋国家が戦略を遂行する基調は、「関係諸国との共益のある正義（口実）を設定して、関与・干渉の戦略を活用し、できるだけ国防戦略を発動する事態にならないように勢力均衡を図る」ことである。英戦略家リデル・ハートに言わせれば、間接近接戦略（Indirect Approach）である。すでに示唆した通り、海洋国家が戦争すると決断する事態は他国から主権の侵害を受ける恐れがあるとするときだ考えることは、海洋国家の国家戦略として〝愚の骨頂〟政策である。

海洋国家が戦争を決断するときに世界に発信する戦争の理由は、自国の国益が侵害される恐れがあることを控えめに隠して、自国と関係する「友好国との共益を守る」ことであるとするのが世界の常識である。すなわち、海洋国家は国防戦略を行使するよりは、関与の戦略（前方戦略）を駆使し、勢力の均衡を図ることによって間接的に国防しようとする。

したがって軍事戦略においても脅威国とその対抗国のパワー・バランスに、たとえ小さな一石でもキャスティング・ボートになるように軍事力を行使する作戦でなければならない。

もっとも大陸の沿岸に足掛かりの地歩を失い、そのうえ勢力均衡政策に失敗して大陸側に強大な軍事国家が出現する事態になれば、直接的に国防戦略を駆使しなければならない事態になることは覚悟しておかなければならない。

軍事戦略を具体的に立案するには、「国防線」を設定（内外に公表しない）しなければならない。国防線とは、外国軍がその線に沿って作戦展開すれば宣戦布告と見なす線であり、国防線と主権線の間が国防作戦の主戦場となる。海洋国家の国防線は、「自国の領海線でもなければ、大陸と列島の海峡の中間線でもない。それは大陸側の港の背中にある」（サー・キャップテン・ドレイク）

航空攻撃・ミサイル攻撃の時代なのに港とはおかしいのではないかとの議論があるかも知れないが、大陸国家の戦略感覚は最終的に領土の占領を目指すので、究極的には大軍を渡洋させる港が戦略要点になる。

そこで海洋国家の軍事戦略は近代海洋戦略の父、ポルトガルのアルバカーキー提督が残した名言が適用されることになる。すなわち、「基地のネットワークの中で、〝戦闘艦隊＋海兵隊＋補給船隊〟のワン・セットで戦え！」

である。したがって、軍事作戦の基本は示威でなく、打撃の実行であり、その方法は〝ヒット・エンド・ラン攻撃〟である。

海空軍が作戦を実行する方法は多数あるが、原則的な戦い方は基本的に「機動部隊からの核攻撃力」によって核戦争を抑止することになる。これは一種の「核牽制」作戦である。機動部隊は戦略核潜水艦、戦略爆撃機が主要なもので、地上基地の核ミサイルは大規模破壊の脅迫による抑止に使用することになるだろう。

核戦争の抑止下における通常兵器による戦争の分野では、空軍が最初に〝制空権を獲得〟し、海軍が〝制海権〟を確保する。ついで強襲着上陸による「フロム・シー作戦」によって相手の軍事基地を破壊する。さらに〝通商破壊〟によって、相手国を海上から封鎖して関与の戦略を遂行することになる。海洋国家の軍事戦略は一般に攻勢的な作戦をもって組み立てられ、防勢的な作戦は少ない。

相対的戦力が小さいときは、存在することによって攻勢的な相手を〝牽制〟または〝抑止〟することになる。このような艦隊は、しばしば「牽制艦隊（Fleet in Being）」と呼ばれる。空軍も同様である。

この意味は艦隊や空軍機が常時、遊弋（ゆうよく）または滞空していることを意味しない。いつでもヒット・エンド・ラン攻撃ができるように、基地ネットワークを構成していることである。

さて、海洋にはシーレーンと集束点がある。特に集束点は陸地が造る海峡や湾の近くに存在する。そのような場所は陸戦にとっても緊要地形であることが多い。しかもこのような場所においては陸戦と海戦の結果が相互に関連するので、結局、海戦は陸地に近いところで起こるものである。

空戦は、陸海戦に制空の傘をかぶせることが第一で、制空を獲得したならば対地・対海上攻撃によって地上・海上部隊に協同することになる。それゆえ、集束点とシーレーンは基地ネットワークで覆う必要がある。

制海権は、相手の機動部隊、すなわち艦隊、航空部隊、潜水艦隊を撃破するだけでは得られない。その出撃基地を奪取するか、破壊することによって基地のネットワークを破壊することが必要である。そのような基地は、通常、海上や航空からの攻撃に対して堅固に防護されているので容易に占領できない。戦史は、

「基地を奪うには、陸地から攻撃せよ」

と教えている。こうして海洋国家の陸（海兵）・海・空三軍の統合作戦は、究極的にはヒット・エンド・ラン作戦で結合されることになる。

海洋国家の軍隊にとって重要なことは大陸国家の軍隊を撃滅することではなく、海洋に戦闘力を投射できる軍事基地の占領または破壊である。大陸の軍隊を追って撃破する必要はない。

海洋国家の軍隊が大陸において行なう作戦を軍事の世界では「限定目標の作戦」と言う。すなわち、海洋国家が大陸国家と戦争することになれば、大陸における決戦を追求する必要はない。大陸国家の軍隊を疲れさせ消耗させればよい。大陸国家の軍隊から大陸において決戦を求められれば、海洋に退却すれば済むことである。

つまり海洋国家は、大陸国家に対して「陸地で持久、海洋で決戦」が軍事戦略の基調になる。

海洋機動部隊が軍事基地ネットワークの外側において作戦するときには、アルバカーキー提督がインドを越えて、東南アジアにポルトガルの海洋覇権を伸長したときのように、強力な補給船団を伴った。

このような攻勢的艦隊に必要な軍艦、航空機の性能は、「指揮・通信力」「火力」「機動力」「装甲防護力」だけではない。「航続力」が重要な要素になった。その航続力を充填（じゅうてん）したのが、「兵站補給力」であり、具体的には補給船団であった。その原型は地中海古代戦争史におけるカルタゴやフェニキアに見ることができる。

陸軍の作戦と海空軍の作戦には、かなり差がある。海空軍の戦闘は陸軍の戦闘に比べて装備の性能により大きい影響を受ける。それも単に軍事科学的性能の良否ではない。いかに戦うかの戦闘ドクトリンを考慮した性能の差である。

例えば、第二次世界大戦において陸軍の作戦に共同することを主眼に開発されたメッサーシュミットは英軍機に優る素晴らしい戦闘性能であったが、イギリスの制空権を争ったときには航続距離においてスピットファイヤーに劣った。これが致命的になった。

また、陸軍の作戦は決戦ばかりでなく持久戦が有効であり、優れた作戦計画は決戦と持久戦の組み合わせで構成されるのが通常である。

ところが、海空戦では、原則として決戦が主体であって、持久戦が成功することはきわめて難しい。海洋戦力の劣勢側が行なう通商破壊戦略は最終的に成功しない。英国を困窮の極みに追い込んだドイツの無制限潜水艦戦も、V—2ロケットによる戦略攻撃も成功しなかった。

潜水艦が水上戦闘艦と決戦し勝利することは困難であるが、補給船団を攻撃して水上戦闘艦隊の機動距離を制限することには有効であって、軍事力は敵の軍事力に対して運用する原則はここでも生きている。

海洋作戦はアルバカーキー提督やマハン提督が主張するように、まず海洋基地のネットワークを構成することから始まる。そのネットワークを構成する重点海域は、「海上収束点」である。集束点は戦略的海峡、主要港湾、航路集中点、航路屈折点の近傍に存在する。これらは通常、陸地の近傍でもある。

決定的な海戦は、この収束点で発生する。だから基地のネットワークは、この集束点に戦闘力を集中できるように配置することになる。

大陸戦と海洋戦の決定的な違いは、大陸における作戦は必要性を重視し、海洋における作戦は可能性を重視することである。なぜなら陸戦においては兵站(へいたん)が一時的に持続できなくなっても作戦を遂行できる。奇襲は、しばしば兵站の一時的断絶を覚悟するときに成功する。

ところが海洋戦において兵站が一時的にせよ切断すれば、それはすなわち敗北である。艦艇・航空機に搭載している弾薬・燃料は決戦に必要な分しかない。ペイロードの目一杯を戦闘所要に集中するから万一の予備はない。そんな予備を持てば機動力が低下し、敗北の決定的要素になるからである。

三、日本の国家戦略

昭和三〇年代に作成された日本の国防方針を今日も守ると考える政治家・国民がい

れば、過去の人たちである。その国防方針は当時の冷戦たけなわの国際情勢と戦後復興未完の日本の情勢に合致するように作成されたものである。

当時は「国連重視」はソ連に対する言い訳のため、「国内治安」は共産勢力による日本赤化防止のために重要な課題であったのだ。

しかし、二一世紀になって、第二次世界大戦の現状維持を目的とする国連安保理は何度も説明するように歴史の経験則に反し、もはや機能しない。また機能させては日本の国益に役立たない。国連憲章では日本はまだ「敵国」である。

日本がこれから〝骨太の外交政策〟を打ち出すとすれば、次の三つを条約することを提唱することだろう。

第一は、政治を行なう権力者や政党が私兵を持つことを禁止することである。権力が軍事力と財力を持つことを許せば独裁政権を造り、人民から搾取することは歴史の通りで、人道に対する違反者となることは間違いない。

第二は、国家が国家以外の交戦団体を住み着かせることを禁止することである。国際秩序に対する犯罪者を育成することになる。

第三は、宗教と政治の分離である。真に世界における平和の期間をより長くするためには、イデオロギーや宗教による絶対的正義の主張を禁止することである。世界に

「絶対」を主張することほど危険なことはない。

日本に隣接するシナ大陸の政権が崩壊する一般的パターンは〝政権の堕落―流民・暴動の発生―地方権力者の勃興―権力抗争の発生―内戦―外国の介入―勝者による革命〟である。したがって、日本のシナ大陸政策は勢力均衡政策であり、その方法は、この大陸政権の崩壊パターンを利用することである。

海洋国家が大陸国家と戦争すると戦場の選択が異なる。大陸国家にとって海洋は機動障害地帯であるが、海洋国家にとっては戦場と認識し、究極において海洋に決戦を求める。

一方、大陸国家は決戦を大陸奥地に求める。なぜなら、大陸国家の戦略的緊要地域（例えば首都や大都市）は一般的に沿岸部にはないからである。ところが海洋国家が大陸に陸軍を投入するとしても、その関心地域は沿岸部の交易地である。こうして大陸国家と海洋国家は決戦場の選択が合致しない。戦争は必然的に長期化することになる。

そこでかつて日本は戦争の早期決着を図るためにシナ大陸に展開している陸海軍を増強して内陸に侵攻し、戦力を消耗した。

これに対して大陸国家側、例えば蒙古軍が強大な海洋戦力を創設して一三世紀に日本に上陸作戦を敢行しようとしたが、大陸国家の軍隊は一般にシーマンシップ（潮っ気）に欠け、渡洋作戦に失敗した。どちらも慣れないことは失敗する。

さて、いずれの国でも対外的に本音の国家戦略を公表することはない。どんな戦略を採用しているかが知られたときには、その戦略は失敗なのである。

だから内外に公表する戦略は、「偽善に満ちた国家戦略」でなければならない。偽善の戦略には、建前という理想論と法理論の衣を着せるのは当然である。もっとも、ここでは「本音の国家戦略」を考える。

東アジアの大陸国家と日本は生存と繁栄の基本特性が決定的に異なるので、心底からの共感と友好はあり得ない。歴史を振り返れば、東アジア大陸の諸政権は強勢になれば日本に対して従順を要求するか、排他的になる傾向があり、さらに強大になれば西域に領土を拡張しようとする傾向がある。

シナ大陸を支配する北京政権（中華人民共和国）や韓国の繁栄と強大化を見て、これらの大陸国家や半島国家と友好関係を築かなければ、日本はアジアで孤立するのではないかという地政学を無視した理屈を述べる人々がいるが、冷戦が終わって以来、北京政権も韓国も次第に東南アジア諸国や旧ソ連から分離した中央アジア諸国、そしてロシアから政治的に包囲される態勢に変化していることを見なければならない。

したがって日本は東アジアの大陸・半島諸国家に対して毅然とした姿勢で戦略的な国家関係の道を探りつづけなければならない。しかし、共栄はありえない。なぜなら、海洋国家と大陸国家は生存・繁栄の基盤が違うからである。

しかも日本と東アジアの諸国家の関係において、宗教体系と言語体系および経済感覚がまったく異なることを見落として東アジアの平和を論ずることは砂上の楼閣である。

日本の伝統精神は、「社会のリーダーは清貧であれ」であるが、シナ大陸や朝鮮半島の伝統精神は権力者に富を集中することは当然としているのである。これでは国家が乱れるのは自明で、いずれの王朝も短命で滅亡した。

こうしてみると明治の指導者たちが樹立した「西欧列強仲間入り」の基本方針は間違っていない。

第二次世界大戦は二匹の野獣（フランスとソ連）および二匹の海獣（アメリカとイギリス）に対して、一匹の海獣（日本）と一匹の野獣（ドイツ）が世界覇権の現状打破を目指して戦って敗北した。島国の日本防衛戦は島の外を戦場とすることは当然の常識であって、これを侵略戦争などと称することは戦争学のイロハも知らない論理である。

そのあと二匹の赤い野獣（ソ連と中共）に対して二匹の海獣（アメリカとイギリス）および一匹の野獣（フランス）が共同して冷戦を戦った。

約四〇年の冷戦によって「ソ連」が崩壊してアメリカの軍門に降ったが、中（共）国はアジアの大国として勃興した。

また沈黙していたドイツはフランスと手を組んで、ふたたび野獣「ＥＵ」の中核となっている。

人類は、世界平和のための完全な国際的仕組みを造ることはできない。第二次世界大戦の連合国が中核となっている連合国安全保障理事会は冷戦と冷戦後における新興勢力の成長によって、レイムダックになっている。ギリシャの哲学者が述べているごとく、

「万物は流転する（パンタレイ）」

であって、国際情勢は絶えず変動する。

この結果、日本を取り巻く西太平洋、オホーツク海、日本海、黄海、東シナ海、南シナ海の一洋五海域にアメリカ、ロシア、中（共）国が海空軍を配置して制海・制空権の優勢を競っている。この海域には、北朝鮮、韓国、日本、台湾、フィリピンの五ヵ国が並んでいる。

だから、この一洋五海域の中で発生する国家間の対立に対して連合国安保理事会の平和維持機能（第七章第四二条）が働くことは拒否権の発動によってほとんど期待できない。

それゆえ日本が安保理に安全保障の世界秩序に期待し、日本の国家戦略において〝国連第一主義〟をとることは、まったくのナンセンスである。

アメリカ大統領ブッシュがヤルタ体制を否認し、現実に世界各地で国境の変更が行なわれている二一世紀においては、連合国の安保理事国に別れを告げ、新しい国際秩序のルールが必要になっている。それは同盟群という歴史の本道に帰る秩序である。

こうしてみると、日本がシナ大陸にある現政権とも朝鮮半島に存在する現政権とも対立するのは自然なことである。同盟を組むなら〝偽りの同盟〟である。特に、北朝鮮の平壌政権は中世の神権政権のような独裁であり、北京政権は暴れまわる資本主義を統制することができない共産主義独裁であり、ソウル政権はかつてのアフガニスタンのタリバン政権に似た独善の韓流タリバンだから、これから先の一〇〇年間、日本が友好を結べば大怪我することは火を見るより明らかな相手である。

したがって日本の国家戦略は海洋国家の戦略理論を適用することである。それらを要約してみると、

(1)　米国の圧倒的な軍事優勢が当分の間、続くので、日本は植民地的な安保条約と地位協定を改定して、対等な軍事同盟と基地の相互使用協定へと発展させ、大西洋における米英関係と相似形の太平洋を挟む日米関係を構築することである。それは第二次世界大戦においてアメリカが目指した西太平洋の秩序構造に別れを告げることである。現行の被占領憲法は即刻破棄するのは当然である。

(2)　戦略的地勢の視座から見れば、台湾は日本の対シナ大陸政策にとって戦略的緊要地形であり、かつ日本の交易ルートに重要なバシー海峡を制する戦略的地形である。台湾の独立を考えるときには、世界の独立の歴史に原則を尋ねてみることが必要である。

第一は、国民について独立を積極的に願うもの平均三五パーセント、反対派の平均一五パーセント、判断できないもの平均五〇パーセントであれば、強力な煽動者が出現すれば可能である。

第二は、鮮血の内戦なくして独立なし。

第三は、関係大国は、当初は無用の現状変化を望まないので外交的に抑制しようとするが、内戦が始まると、軍事的に介入することである。日本国民の勇気と義侠心が独立運動を支援することが必要である。台湾は日本が積極的に国際社会のパワー・バランスの変更を仕掛ける要域なのだ。

バシー海峡の制海のためにはフィリピンも同様に重要な島国である。両国はシナ大陸の諸国家よりも、友好関係を優先しなければならない。

マラッカ海峡を制するインドネシア・シンガポール、マレーシアも、台湾・フィリピンに次いで友好関係の構築を優先する島国、半島国家である。

(3) オーストラリアとニュージーランドは、南太平洋の海洋国家であり、かつ自由主義政権の国家であるから、東南アジア島国との連帯を強化するための強力な軍事同盟対象国である。このためにパプア・ニューギニアは連結点として日本が戦略的に進出を図る地域である。

(4) 日本にとって東アジア大陸の諸国家は、〝勢力均衡政策〟の対象である。日本はシナ大陸の政権とシベリアを支配するロシアの利害対立を助長すること。シナ大陸に複数の国家が出現するように機会を捕らえて干渉・関与する政策を採ること。太平洋に面する東アジアに〝同盟の逆転〟が発生して、一枚岩の大国が出現することを徹底的に妨害することは重要な政策である。北京政権とロシアの軍事同盟は日本にとって悪夢である。

(5) 東欧が西欧とロシアの緩衝地帯であることと同じように、朝鮮半島とベトナムは日本にとって北京政権とロシアに対する緩衝地帯である。

かつて英国はロシアが暖かい海への出口を得ることを封じたように、日本はアメリカと共同して、これらの緩衝地帯にロシアと北京政権が軍港や空軍基地、（核）ミサイル基地を獲得しないように封じ込めなければならない。

朝鮮半島の政権は、永遠に二つの矛盾を抱え続けるであろう。一つは「血は水よりも濃し」で民族統一の悲願とは逆に、三八度線または三九度線は、歴史的に朝鮮半島を南北に分断する地線である。これに日米と北京政権およびロシアの戦略が衝突することによって分断するベクトルが働く。

もう一つの矛盾は歴史的に半島政権が強大な大陸国家に生存と繁栄を依存する反面、大陸国家による統制を嫌う独立派が絶えず海洋勢力の支援を求めるという性向を持つ。すなわち、半島政権は大陸従属派と独立派という国策分裂の要素を絶えず抱え込んでいることである。

この二つの特性から言えば、日本にとって朝鮮半島は「トラブル半島」なので、トラブルに巻き込まれないように政治的にも経済的にも、常に距離をおいておくことが得策である。

（6）　一三億の人口を有するシナ大陸は巨大なマーケットであり、公害源であると同時に、歴史的に巨大な軍事国家が出現する傾向がある。

古来、「南船北馬」「北麦南米」と言われるように、中国は揚子江（長江）を境として政治勢力が南北に分裂し、〝統治は北強、反乱は南源〟で、これがシナ大陸の政権の歴史的な構造問題である。そして数多くの国が建国され滅亡した。「中国」を一つの国という認識は可能であるが、継続している王朝は存在しない。

日本はともすれば最寄りの北部シナ大陸に注目するが、勢力均衡政策のためには「遠交近攻」策によって南部シナ大陸の勢力に対する支援を常に心がけなければならない。

このシナ大陸の政権の構造的な権力傾向のために、北部シナ大陸に基盤を置く政権は、シナ大陸支配のキーワードとして、常に外部に敵国を造っておく必要がある。それが清朝時代の「扶清滅洋」であり、今日の北京政権の「扶共滅日」にほかならない。シナ大陸の人民が日本を蔑視し敵視するのは、盧溝橋事件よりはるか昔の国民党と共産党が誕生したときから続けられてきたことが史実で、よほどのことがないかぎり、少なくとも二一世紀末まで続くであろう。

北京政権の反日政策は対米瀬戸際政策の一環であると認識するのが正鵠（せいこく）を射ている。アメリカに基地を提供している日本が憎いのである。だから日本が北京政権に対し、いかに協力的態度・行動を行なっても真意が理解されることはない。北京政権は、〝日米反目〟を策していることは間違いない。

中（共）国は容易に日本を覇権下に入れることができないので、海洋進出の矛先は東南アジアの抱きこみに指向されるであろう。それはアメリカの海洋覇権に対する挑戦であり、日本の海洋国家戦略に対する挑戦となる。間違いなく対東南アジア政策において日本と中（共）国の国家戦略が衝突する。

四、日本の軍事戦略

一般論で述べたように、海洋国家の軍事戦略は第一に「勢力均衡軍事戦略」であり、第二に「国防軍事戦略」である。英戦略家リデル・ハートの『戦略論』が適合する。

基地の戦略的配置は軍事戦略のインフラストラクチャーとして最初に計画しなければならない。日本は細長い地勢であるから東アジアの大陸に対して縦深がない。しかも北海道―本州と南西諸島の二つのアークがあるから、南西諸島の西端に軍事基地が必要であるとともに、それに対応して縦深を与える基地の配置が必要である。

それは日米地位協定を改定して、硫黄島―グアムの線に日米の基地共用が必要になる。将来はフィリピン、台湾と基地の共用協定ができれば望ましい。それぞれの基地には、基地航空部隊を配置するのは当然である。

作戦は攻撃と防御の相互支援で計画するから、機動作戦グループ（空母機動部隊＋海兵部隊＋海上補給船団）は二個群が不可欠である。このために現役陸軍の主力を英軍と同じように遠征陸軍（実質的に海兵隊）として、それぞれ郷土連隊基地から抽出的に編成することになるだろう。連隊の残留部隊は、新兵の教育・訓練と動員部隊の訓練のほかに地域防衛の基幹部隊として民間防衛の核心を形成することになる。

海軍は主力が機動作戦グループに、空軍は主力が攻撃型基地部隊と防空部隊に大別して編成することになろう。沿岸防衛は海上保安庁に任せることになろうが、国土対空防衛を節約することは困難であろう。

機動部隊の運用構想は、シベリアとシナ大陸に対しては東西に縦深に、朝鮮半島に対しては日本海と黄海から挟みつけるように配置することを基本とすることになるだろう。

アメリカは、その歴史的使命感によって自由・民主主義の輸出を西方に向かって推進し続けるであろう。日本がこの障害になれば、アメリカから、ふたたび敵視されることは間違いない。障害といわなくとも、アメリカの〝明白なる天命〟政策（シナ大陸市場の獲得）に協力しなければ、日米関係は冷却する。

そこで日本が台湾、フィリピン、ボルネオ、オーストラリアを結ぶ太平洋の西の壁を造り、アメリカの西進政策に協力すれば、太平洋両側国家は一洋五海域の制海権を安定的に共用できる。すなわち、日本はアジアの大陸に存在するすべての政権に対して戦略的緊張関係になるのではなく、常にいずれかの政権と戦略的友好関係を築いて勢力均衡政策をとりつづけるかぎり、日米関係は冷却することはない。

それゆえ、端的に言えば、日本の軍事戦略は「西太平洋戦略」である。その国家目標は「西太平洋の海獣」として再起することにほかならない。

しかし、太平洋を挟んで日本がアメリカと対等な立場で軍事同盟を結ぶには三つの条件がある。

第一は、日本の指導者がアメリカ大統領から信頼を受けるに足る「戦略能力（外交政策と軍事戦略）」を持つことであり、

第二、東南アジア諸国から信頼を受けることであり、

第三に、米軍と共同作戦ができる完全機能型の軍事力を持つことである。

軍事戦略の極意は、初代ローマ皇帝の言をまつまでもなく、

である。その戦略であれば、軍備の量は最小限で充分である。脅威に対応するように軍備量を定めるのは次等の策である。まして巨大な軍備による〝示威〟によって国防を全うしようとするのは、海洋国家として愚策の極みである。海洋国家の戦略は、〝打撃の実行（小さくても素早いパンチ）〟に基礎を置く。そのためには海洋国家の仲間を集めて共同することで、「群雀、鷹をも殺す」である。

「脅威の卵を叩け！」

終章――「日本の栄光」を復興しよう

一、尚武の心

戦争とは、〝勝敗〟を争う戦略・戦術・戦闘能力の衝突である。それは対話（内科治療）で解けない対立を、戦争（外科手術）で解決する人間社会の医療である。早期治療の戦争は、人間社会の病気を軽いうちに治療するが、遅れた治療の戦争は人間社会に重い傷跡を残す。

戦場における兵士たちは自分の生命を投げ捨てて戦う。戦傷者数は戦死者数の三～四倍に上る。

兵士がこのように戦うのは上司から命令によって強制されて戦うのでもなければ、責任感だけで戦うものではない。権利・義務・責任などの法律論で人間は自分の生命を投げ捨てないのだ。

「俺は俺以外の何かのために戦うのだ！」

「俺以外の何か」は、兵士が戦う動機である。兵士個人の利益や自己満足のためではない。よく戦う兵士は、「国家の名誉のため」にほかならない。

古代ローマ帝国の属州となったスイス（ヘルヴェチア）は、ローマに補助的な戦闘部隊を提供した。ローマ帝国はこのような部隊に〝部隊番号〟を与えて、「ヌメリ(Numeri)」と呼んで、徴募した属州とは異なった地域で運用した。いわゆる傭兵である。

スイスのヌメリ部隊の敢闘精神は旺盛であった。彼らは臆することなく生命を懸けて戦った。その忠誠心はスイス出身部隊であるという誇りと「名誉」に向けられた。ローマ帝国から提供される給与のために生命を懸けたのでもなく、現在、生きている妻子や友人、社会、国家の名誉のためだけではない。祖国の建国以来、数百万の戦死者の名誉を守るためであり、これから何世紀も続く子孫の誇りのためであった。

第二次世界大戦において爆弾を抱いて敵艦や敵爆撃機に体当たりした日本の特攻隊

員たちも、シナ大陸、南洋の孤島で玉砕した勇士たちも、命令を受けたから生命を棄てた奴隷ではない。

敵兵が待ち構えているかも知れない丘に向かって戦友とともに励ましあい大地を蹴って前進する勇気を与えるものは、「祖国のため」という目的感にほかならない。その祖国とは、現在、生存している人々のためだけではない。墓地に眠る祖先の犠牲と名誉も同じ価値である。

それは『国旗』なのだ。靖国の御霊は、「日の丸」の国旗の名誉のために自らの意志で生命を投げ打って戦ったのだ。

国旗には祖先の血塗れの歴史がある。それは祖先の人々の祖国に対する〝愛〟なのだ。

「愛とは何なんだ？」

「愛とは、究極的には何の代償を期待することなく、愛する人のために生命を賭けて尽くすことなのだ」

靖国の英霊が「日の丸を守る」ことは、米兵が「星条旗を守る」ことと同義である。

国旗のために生命を投げ捨て他国の大地に埋められ、ヘルメットをかぶせた小銃を墓標の代わりに突き立てられて仮埋葬されている兵士は国旗に包まれて大地に眠る。

彼の恨みは、ただ一言「やられた！」。

両大戦のドイツ兵も、ドイツ国旗のために生命をかけて戦った。第二次世界大戦においてアメリカと戦った日本軍も、国旗「日の丸」に生命を賭けた。北朝鮮軍兵士もベトナム兵も、革命の血を表わす赤旗を掲げて戦った。タリバン将兵はアフガニスタンの国旗をフセイン軍兵士はイラクの国旗のもとに生命を捧げた。

正義は勝者の側にだけ存在するのではない。勝者に対して戦った相手側にも正義がある。けれども、「相手の正義は不正義だ！」と信じないかぎり、相手という人間の顔を照準して引き金を引くことは、たとえ軍人といえども、普通の神経の人間にはできない。さもなければ、

「敵は人間の顔と体形を持つ野獣だ！」

という人種差別が当然のように感じていないかぎり、異民族を殺戮することはできない。第二次世界大戦において、じつはアメリカ兵は、

「黄色い猿、日本人を殺すほど楽しいゲームはない」

として、戦場で日本の将兵を虐殺したのだ。その記録はアメリカに山ほど残されている。

日本兵もまた、

「アメリカ兵は鬼畜生だ。人間ではない！」

として突撃した。なぜなのか？

国民国家の軍隊の忠誠心は、祖国の国旗のみならず軍隊自身が精強であることの名誉「軍旗」に対して忠誠なのである。

仮埋葬された兵士の弔鐘（ちょうしょう）は戦場の指揮官である国王のために、そして国旗・軍旗のために鳴ったのだ。

だが、戦うことを放棄した戦後の日本人は、「名誉のために生命を賭ける」というのは、主としてスポーツ選手だけになってしまった。残念なことに、日本の政治指導者も生命懸けで政治する「品格」を失った。ほとんどの国民は〝愛国心〟を失った。日本では祖国の国益に死しても、誰もその弔鐘の音を感謝して聞く耳を持たない。

しかし、われわれは秩序の世界と無秩序の世界の両方に生きている。無秩序の世界で生きるためには、「尚武の心」が不可欠である。そしてできるだけ無秩序を少なくし、秩序の世界を広げるためには戦争学を知らなければならない。

二、戦争学は栄光を教える

権力を追って栄達を遂げても、権力の座から滑り落ちれば、ただの人である。富を追って栄華を極めても財力を失えば、乞食である。

アレキサンダー大王は、東方の無秩序世界と戦って勝利し、ヘレニズム文化を普及した。彼は「戦いに勝利して秩序をもたらし、栄光に死す」と言葉を残して、わずか三三歳で世を去った。

栄光は戦いに勝利し、秩序の光をもたらしたものに与えられる。その名誉は永遠である。戦いに勝利しても、破壊のみを残せば栄光はない。だから科学や芸術の未知に挑戦して解明した人も、また栄光の冠を戴く。

フランスのド・ゴール大統領は祖国が荒廃の最中にあったが、個人主義を基調とするアメリカ式自由・民主制を排して「自由、平和、博愛」の共和制を創設した〝フランスの栄光〟を掲げて伝統文化を継承しようとした。フランスの精神的価値観はアメリカのそれよりも優れているという誇りであった。

彼はNATOから脱退してアメリカとの対等な地位を追いつつ、アメリカと共同してソ連の指導する東側陣営に対抗した。

明治維新を成し遂げた幕末の志士たちは、〝尊皇攘夷〟をスローガンにして戦い、新しい日本の秩序を建設した。

「敷島の大和心を人問えば、朝日に匂う山桜花」

日本人の伝統的精神が、この和歌に込められている。〝未来〟を示す朝日に映えて一斉に咲く桜花が示す和心とは、〝平和、調和、親和〟であり、一味同心の民主主義にほかならない。和心共同の精神である。その文化が築く社会は個人主義を基調とする競争社会ではない。和心を核心に置くアモルファス（非定型）社会である。

アモルファス社会は結晶のような長い硬性秩序ではなく、地縁的連帯という短距離秩序を持ち、自由エネルギーが最小の準安定状態にある社会である。競争社会のようにストレスが強く格差を発生する社会ではない。一方では文化の伝導性や吸収・透過性に特色があり、さらに強靭にして耐食性が強い社会でもある。

日本はアメリカ風文化から独立して、「日本の栄光」を追求するときがきている。

ここでアメリカの独立戦争を啓蒙（けいもう）した名言を、もう一度思い出してみたい。

「（文化的）属国の平和は甘美ならず。尊厳は生命より重し。我に自由か、然（しか）らずんば死を与えよ。自由（独立）は鮮血をもって勝ち取るものなり！」

日本の伝統文化の独立も、鮮血をもって勝ち取らなければ得られないのかも知れない。

禅の名僧、鈴木大雪翁は、名著『禅と日本文化』（岩波新書）において、「ある一つの花が美しいからといって、世界中の花を同じ花にしてしまえば、その花を美しいと感ずるものはいなくなるだろう。世界に多様な美しい花が共生することが、いずれの花も美しく見えることとである」

アメリカ式自由主義が合理的であるからと言って、日本もアメリカ風になることはナンセンスである。日本には、「花は桜木、人は武士」のような美しく香り高い国柄が似合う。

戦争学をもって日本の将来の姿を画けば〝逞（たくま）しい日本〟である。それは国際社会に公正と名誉と仁愛の精神を顕わすためには断固として行動する日本である。

日本の伝統的な民主制「惣村」には、〝若衆〟という青年団があった。仕事の合間に武技の練磨に勤しんだ。一旦（いったん）、惣村が〝侮られる〟ような事態になれば、強烈な戦闘団となった。鎮守の杜と祖先の墓に血判をもって誓い、惣村の防衛のために生命を賭して戦った。若衆に求められたものは、「公正」「名誉」「仁愛」という人間の条件だけではなく、これらを担保する「尚武の心」であった。

国家の尊厳と威信に対する〝侮り〟は国益侵害の始まりである。二一世紀の日本が他国から侮られないためには、日本国の青年が尚武の心を持って、「強兵」政策を推進する力となることである。靖国の英霊は〝後に続くを信ず〟と語りかけている。そこには世界中の人々に共通の言葉がある。

「私の故郷を愛している（I love my patria）！」

若者たちよ、戦争学を学べ！

〔参考文献〕

「Encyclopedia of Military History」R. E .Dupuy & T. N. Dupuy, Harper & Row, 1970
「The Harper Encyclopedia of Military Biography」T. N. Dupuy, Harper Collins, 1992
「Warriors' Words」Peter G. Tsouras, Cassell Arms Armour, 1992
「戦争論（On War）」K・クラウゼヴィッツ、馬込建之助訳、岩波書店
「南北戦争」グレイス・L・シモンズ、友清理士訳、学研文庫、2002

付——一八世紀のプロシャと現代日本の相似性

一、一八世紀プロシャの状況

フレデリック大王とか、プロシャと言っても、現在の日本人は、

「それって誰？　どこの国？」

と、逆に聞かれるのが落ちである。今日のドイツの基となった国家であると言えば、

「へぇー？」

と言う怪訝な顔がかえってくる。

しかし、フレデリック大王は欧州の弱小国プロシャを列強の地位にのし上げ、世界

の歴史家から世界屈指の名国王であると認められ、かつナポレオンから「予の恩師はフレデリック大王の戦史」であると語らせるほどの業績を残した人物である。だから最初に「欧州の軍事優勢の時代」といわれる世紀の欧州の状況を簡単に紹介しておこう。

一六～一八世紀におけるオーストリア帝国は西欧においてフランスと肩を並べる大国であった。オーストリア帝国は、別名「神聖ローマ帝国」であり、その国名によっておおまかに言えば、ライン河からオーデル河に至る全ゲルマン諸公国とイタリア半島の諸国に対し指示を与える権威と権力を持っていた。その上、ハンガリー帝国の称号も持っていて、ハンガリーを支配していた。

また、もう一つの西欧の雄フランスは欧州大陸における覇権の争奪をめぐってオーストリア帝国に対し約二〇〇年間の抗争を続ける一方、大西洋と地中海の制海権の争奪をめぐってイギリスに対し二〇〇年の抗争を続けていた大国であった。オーストリアとフランスは宿敵であったと同じように、イギリスとフランスもまた地政学的な宿敵だったのである。

フランス国民もゲルマン諸公国も、長い対立抗争を通してライン河流域を侵しあっていたので不信感が蓄積していた。そしてゲルマン人はフランスから受けた侵略に対抗して民族意識を醸成（じょうせい）しつつあった。

一七世紀前半にドイツとフランスを血塗れにした三〇年戦争と呼ばれる宗教戦争は、最終的に国家相互の覇権戦争に性質を変えて一六四八年に終焉した。ウエストファリア条約は、第一に「西欧における政教分離」の条約であり、第二に「国際秩序を勢力均衡（Balance of Power）に置く」ことを原則にした画期的な条約でもあった。

人間の未熟な部分を神の智恵にしたがって補うことは優れた考え方であろうが、その神の教えを伝える人々が宗派を作って戦えば元も子もない。三〇年戦争を通して宗教も国際秩序の原理にはなり得ないことを示したのだ。

さらに国家の地勢は不平等であり、また、勤勉な国民と英明な指導者に率いられた国家は国力が成長するが、怠惰で利己的な国民と私利私欲を追う指導者に率いられた国家は国力が衰退するのは世の常であるから、勢力の均衡もまた変動し、覇権も変動するのは当然であるとする考え方も理に適（かな）っていた。

ブランデンブルグ公国（プロシャの前身）は三〇年戦争において新教派に改宗し、カトリックのオーストリア帝国に盾突いた。さらにカトリックが多いフランスから多数のユグノー（プロテスタント）をベルリン周辺に受け入れて国力を増強していた。

ロシア
ヴィルナ
プロシャ王国
ダンチヒ
ポーランド王国
ワルシャワ
スデン
ウィーン
ブタペスト
ハンガリー王国

プロシャの版図 1740年
スコット
ランド
北 海
デンマーク王国
コペン
ハーゲン
イングランド
アムステルダム
ロンドン
オランダ
ベルリン
アーヘン
神聖ローマ帝国
パリ
ナント
ミュンヘン
フランス王国
スイス
ジュネーヴ
ベネチア
トリノ

だからブランデンブルグとオーストリア帝国の関係は冷たい関係であった。

世紀の初めからスペインの覇権を巡ってフランスと抗争を続けたスペイン継承戦争において、オーストリア帝国の傘下に入ってフランスと戦ったブランデンブルグは、一七一三年のユトリヒト講和条約において「プロシャ王国」を名乗ることが許された。ブランデンブルグ公は、西側のハノーヴァーの先にある飛び地のクルーベ公の肩書きと東プロシャの王権をポーランドから入手していたが、ブランデンブルグ公とクルーベ公の立場は引き続き神聖ローマ皇帝であるオーストリア皇帝カール六世の臣下でなければならないので、プロシャを名乗ったが、ブランデンブルグ公の立場を守るためにプロシャ王国の主権が制限された。

すなわち、国際社会における政治的主張はオーストリア皇帝の指示を仰がなければならなかった。プロシャとはロシアの隣というほどの意味である。

プロシャの南側のサクソニア公オーグストス三世は、ポーランド王を兼務していた。この配置はロシアのピョートル大帝の後押しによったものであった。プロシャは、この王位就任に反対するポーランド勢力を後援しつづけていたから、ロシアおよびサクソニアとプロシャの関係は冷たい。

一七四〇年、プロシャ国王にフレデリック二世が戴冠した年に、オーストリア帝国の帝位継承戦争がはじまった。

　イギリスは、この四〇年間に近代における海洋大帝国としての政治勢力の地位を確立した。イギリスの国王はプロシャの西隣のハノーヴァー公を兼務し、プロシャのフレデリック大王とは従兄弟関係であったから仲がよい。

　オランダはスペイン継承戦争（一七〇一～一七一三年）と四国同盟戦争（一七一七～一七二〇年）を通して国力を衰退させていた。イタリアはふたたび近隣諸国の戦場となったが、サルディニア王国となったサヴォイはイタリアにおける数多い公国の中でももっとも強力になっていた。スイスは依然としてプロテスタントとカトリックの抗争を続けていたが、建国の精神が分裂を阻止していた。

　ロシアは一八世紀初期の大北方戦争（一七〇〇～一七二一年）を通してピョートル大帝の指導力によって大国にのし上がったが、後継者は凡庸であった。ピョートルが没したとき、ロシアは消耗していて人口は五分の一を失っていた。しかし、二一・二万のロシア軍と一一万のコザック騎兵を有し、東部バルト海の制海権を握っていた。

　スウェーデンは好戦的な猛将カール一二世がスウェーデンを敵視するロシア・ポーランド・デンマーク三国同盟に対して挑戦し、大北方戦争を展開したが、戦死したためにウルリカ・エレオノラ女帝が後継してロシアと講和した。その戦争国力は消耗していたが、プロシャの北側の西部ポメラニアを領有していた。スウェーデンとロシアは宿敵の関係にあったが、表面上は平和を保っていた。

一七四〇年、神聖ローマ皇帝兼オーストリア皇帝カール六世が没した。息子がいなかった彼はオーストリア皇帝の継承についてルールを定めていた。その規則は、皇帝が没したあとオーストリアの領土区分を変更しないこと。世継ぎの男子がいないときは娘が女帝となること。長子が皇位を継承すること。まったく後継者がいないときには前帝の家系（バヴァリア公）から皇帝を選ぶことを定めていた。

このルールに従って長女のマリア・テレサがオーストリア皇帝に就任した。彼女はボヘミア女王、ハンガリー女王、オーストリア大公を兼務した。

しかし、神聖ローマ皇帝の皇位は男子でなければならなかったので、彼女の夫であるロレーヌ公フランス・シュテファンが皇帝となった。この皇位継承はハンガリーと大部分のゲルマン諸公国によって承認された。

ところがバヴァリアのカール・アルベルト公と前皇帝ヨーゼフ一世の長女の婿であるサクソニア公オーグストス三世、およびスペイン国王フェリペ五世がオーストリア皇帝継承権を主張した。

マリア・テレサの即位を承認したのは、オーストリア、オランダ、スウェーデンであり、反対したのはバヴァリア、フランス、スペイン、サクソニア、ロシア、サヴォイの六ヵ国であった。

欧州大陸の分裂抗争を歓迎し、助長するのは大陸に隣接する海洋国家の対大陸政策の原則である。その方法は干渉だけでなく、関与する。イギリスは勢力均衡が弱い側であるオーストリアに味方することにして、マリア・テレサの即位を支持した。それにはハノーヴァー公の肩書きを利用した。

これらがフレデリック大王が国王就任と同時に直面した四周の国際情勢であった。

当時のプロシャの人口と国土面積はオーストリア、フランスの約一六分の一であった。「軍人王」と呼ばれた父王フレデリック・ウイリアムの努力によって、約八万の陸軍を擁していたが、フランスやオーストリアの軍事力の一〇分の一程度であった。

フレデリック大王は大国の狭間にあって主権を制限された北部欧州の一小国を率いて、国際社会における国家の尊厳（dignity）と威信（prestige）を認めてもらうために苦闘しなければならなかった。「尊厳と威信」は国家の精神的主権である。

二、フレデリック大王の国家戦略

世界軍事史では、一七世紀は「近代戦の始まりの時代」と位置づけられている。なぜなら、スウェーデンの名国王グスタフ・アドルフが歩兵と騎兵と砲兵を組み合わせて戦う戦闘ドクトリン「三兵戦術」を開発したからである。

彼はこの得意技を駆使して三〇年戦争を暴れまわった。彼は大砲の砲身重量を減らして軽くするとともに、発射薬を改良して標準化し、命中精度を上げた。砲兵の指揮統制を容易にするために歩兵や騎兵と同じように軍人の兵科「砲兵」を創設した。

この世紀初めころの西欧の戦闘ドクトリンは、「スペイン方陣」が主流であった。火縄銃と短槍の混在する歩兵の幅広い縦隊が数個、敵に向かって頭を並べていた。動きの鈍い砲兵が、この縦隊群の前方に展開し、さらにその前方に横広に並んだ騎兵によって掩護されていた。また両翼に騎兵縦隊がスペイン方陣を掩護していた。

グスタフ・アドルフは、この戦闘ドクトリンを完全に変更した。火力（大砲と小銃）の威力が増大したので短槍歩兵の割合を減らし、歩兵の縦深を薄くして六列以下の横隊にした。

やがて小銃に銃剣がつけられるように改良されると短槍歩兵は姿を消した。歩兵は銃剣を振るって突撃を行なう「戦場の女王」として復活した。個々の歩兵戦闘単位部隊は相互に間隔を広くとり、その間に騎兵を配置した。全体的にみれば、騎兵と歩兵が混然一体とした横隊の陣形なる。この横隊が前進すると、やがて前方の砲兵を追い越すことになるが、砲兵もまたこの間隙（かんげき）に入るようにした。

横隊の中の騎兵は歩兵の前進と速度を合わせて前進し、突撃も歩兵と速度を合わせてトロット（速歩）で行なった。両翼の騎兵はドイツが開発したカラコール戦法で前進し、突撃はフランス騎兵のサーベル襲撃を行なった。

このような戦闘ドクトリンは近代横隊戦術（リニアー戦術）の原型となった。グスタフは戦闘ドクトリンの革命をもたらしただけでなく、軍隊組織も改革して職業軍人による常備軍を創設した。

彼は兵力約五〇〇名の歩兵大隊（スコードロンまたはバタリオン）を戦闘単位部隊とした。大隊は四個中隊。三個大隊をもって一個旅団（ブリゲードまたはレジメント）とし、旅団を恒久編制とした。

このようなグスタフのシステムは、たちまち欧州に普及した。軍隊は「国王の私物」から「国家の軍隊」へ復帰したのである。また、本格的な戦闘支援部隊が軍隊組織に創設された。砲兵の弾薬補給、全部隊に対する食糧補給などを担当する「兵站部隊」である。さらに「工兵」「軍医」「軍法務」も正式の兵科となった。

一八世紀の戦争における戦闘ドクトリンはグスタフの考え方を受け継いでいた。さらに重商主義の商業が発達するにともない工業も発達したので、多くの労働者を吸収した。

社会は厳格な身分階層に分かれていたので、労働者の上下への移動を阻んだ。商・工業従事者の食糧を賄うために農業に負担がかかった。農地を開墾する余地は十分であったが、農業労働力はつねに逼迫状態にあったし、農業生産品の備蓄もきわめて少なかった。

勢い、将校は貴族の余り者に、兵士は社会の最下層からかき集められた。しかも兵士の募集は容易ではない。だから軍人は決戦をつとめて回避した。兵士の損害と脱走兵による兵力の損耗は容易に回復できないからである。

戦場における物資の調達は、戦場の人々の生活を困窮のどん底に陥れた。それでは戦争に勝利しても地域を占領して領土を増やすことはできない。占領地住民を養うことは困難な課題になる。

そこで発達したのが倉庫兵站システムである。主兵站基地（depot）から、作戦軸にそって前方に補給倉庫（magazine）を配置した。作戦はマガジンから、せいぜい四～五日行程の地域で行なわれることになる。勝利すれば新たにマガジンを推進して次の作戦を展開することになる。

戦闘は約束動作に支配され、戦術の進歩はほとんどなかった。戦術とは、戦場において完全な横隊戦闘隊形を構成し、戦闘間、これを維持することが考えられた。

しかし、この一八世紀に例外的な猛虎がいた。プロシャのフレデリック大王である。彼は最初に戦闘ドクトリン（得意技）を改善した。グスタフは、三兵科の協同戦闘（Combined Arms Combat）の効果を最大限に利用したが、その欠点は三兵科の戦闘成果が相互に依存していることであった。そこでフレデリックは、歩兵と騎兵を混在させて横陣を構成するのではなく、歩兵のみで横陣（前後二段）を構成した。

各段小隊八〇名。二個小隊で中隊。五個中隊と砲兵中隊で大隊（歩兵八〇〇名）。二個大隊で連隊。二個連隊で旅団（三二〇〇名）とした。前後それぞれ三列横隊の二段構えの歩兵陣形であったが、その両翼には擲弾大隊（手榴弾）を配置して掩護させた。これで歩兵陣だけでも戦闘が可能になり、騎兵を自由に運用できるようにした。

数個の旅団の両翼には、騎兵部隊の主力を配置して戦術予備とした。歩兵陣が鉄床

(anvil) なら、騎兵主力は左右から鉄槌（sledgehammer）の役割をすることになる。一部の騎兵は偵察・警戒部隊として、主力の前方に展開した。

砲兵は偵察・警戒部隊の掩護下に、主力の攻撃前進に邪魔にならない場所でつとめて前方に展開し、歩兵の攻撃前進をできるだけ長く射撃支援するとともに、丘の向こう側や敵予備隊に対しても射撃した。また、騎兵砲兵を創設し、騎兵の戦闘を直接支援させた。

こうして、三兵科のコンバインド・アームズ・コンバットの効果を最大限に利用するとともに、歩兵も騎兵も独自で攻撃できるように編制して、相互依存して戦闘しないようにした。

フレデリックの戦術の極意は、「速度」と「柔軟な戦場機動」であった。プロシャは小国であったので、戦場に敵に優る戦力を持って臨むことはできなかった。事実、彼の戦闘はほとんど兵力劣勢で戦った。特に歩兵戦力の不足を補うために斜向陣（観た眼には、敵対正面を斜め向きにする横隊であるが、戦闘ドクトリンの本質から言えば縦陣）で、敵の一翼を攻撃した。

彼の軍事戦略は四周を敵国に囲まれているので、常に内線作戦を執らなければならなかった。彼はブランデンブルグ領を最終的に保持すべき領土と考えた。そこで国防線を西はハノーヴァー公領の西端とし、南はサクソニア—シレジアの南国境に、東は東プロシャの東縁とした。そして北側はポメラニア海岸線と設定した。

古代ローマ帝国の初代アウグストスが国境の外側に緩衝地帯を想定し、その外縁を国防線として国防計画を作成したが、以来、国防線の想定は世界の常識である。


〔第一次シレジア戦争（一七四〇～一七四三年）〕

そこで彼の国家戦略を追ってみよう。オーストリア継承戦争において、オーストリア帝国の主敵はフランスである。フレデリックは天秤（てんびん）戦略を執ることにした。プロシャは小国であるが、オーストリアに盾突くとオーストリアは対フランスに指向できる戦力を大幅にプロシャ対策に割り当てなければならない。フレデリックはマリア・テレサ女帝に対して就任を支持すると伝えたが、シレジアを割譲して欲しいと要求した。臣下の国から、領土割譲を要求されるとは認めるわけがない。マリア・テレサは言下に拒絶した。

これからがフレデリックの巧妙なところである。女帝就任についての反対の旗色を示さないまま、奇襲的にシレジアに侵攻して占領した。

「国際交渉においては、既成事実を造って取引材料にせよ。その既成事実は軍事力によって先制・奇襲的に獲得せよ」

が原則である。彼は、まずスウェーデンと交渉して同盟を組み、スウェーデンとロシアの戦争が再燃する態勢を造った。これでプロシャの東側の脅威を小さくすることができる。

西側ではハノーヴァーと不可侵条約を組み、プロシャが平和希求国家であることを宣伝する。そして密かにフランスと手を組んで、オーストリア帝国が主力軍を対フランス・バヴァリア正面に投入している隙をついて、ほとんど無防備状態のシレジアを奇襲的に侵攻して占領した。そしてオーストリアに対し、

「プロシャがマリア・テレサの皇帝就任に賛同する代わりに、シレジアは自国の一部であると認めよ」

と迫った。彼は、これが認められると、フランスを裏切る予定であった。だが、マリア・テレサは認めなかった。そこでフレデリックはフランス・バヴァリアに対して共同作戦によってオーストリアの首都ウィーンを攻略しようと持ちかけた。「他国の褌で相撲を取る」発想であった。

ところがフランスはバヴァリア公が帝位継続すれば、ウィーンを攻略する必要はないと婉曲(えんきょく)に断わった。

フレデリックは、すかさずマリア・テレサに対し、数週間の秘密交渉を行なってライン・シェレンドルフの休戦協定を結んだ。そして休戦するとともに、プロシャがオーストリア軍の一部を偽攻撃し、フランスの味方である振りをしてフランス軍作戦計画を狂わせること、およびシレジアをプロシャが支配することを取り決めた。

これは、フレデリックがフランスを騙すことをマリア・テレサに約束して騙そうとし、マリア・テレサもフレデリックを騙そうとした。彼女はシレジアをプロシャに明け渡す気はまったくなかったのだ。

プロシャに騙されたフランス軍は、オーストリア軍によってライン河の線まで押し戻され、その上、バヴァリア公が同盟諸国と相談せずに勝手にオーストリア皇帝カール七世を名乗ったために、同じく帝位を要求していたサクソニア公が怒って、対オーストリア同盟の一角が崩れてしまった。

フランス軍がライン河以西に撤退してしまったのでバヴァリアはオーストリア軍の蹂躪に任された。フレデリック大王は、国際政治では、

「騙す者は賢者、騙される者は愚者」

と名言を残している。フランスに対してオーストリアが優勢になると、マリア・テレサはすかさずプロシャからシレジアを奪回することを軍司令官に命令した。

これを見たフランスはイギリス侵攻作戦を計画し、陸軍をダンケルク正面に集中するとともに、フランス艦隊をブレストに集結しようとした。しかもオーストリア軍主力がシレジア正面に転戦したことを知って、ふたたび南部ゲルマニアに侵攻を開始した。

これに対して大陸内部で海洋国家のように勢力均衡政策を展開するフレデリック大王の敏腕に着目したイギリスはフレデリック大王に共同作戦をとるように誘った。フレデリックはハノーヴァーを味方にできるこの案に乗った。フレデリックを嫌っていたマリア・テレサもオーストリアの主敵は誰かを知っていた。イギリスの仲介を受け入れてフレデリックとブレスロウの講和を結んだ。

[第二次シレジア戦争(一七四四〜一七四五年)]

プロシャ・オーストリアが講和してもオーストリア継承戦争が終わったわけではない。また、イギリスとフランスの怨念の対立もまた続いていた。

イギリスは海軍戦力を動員してフランス海軍をダンケルクとブレストに閉じ込めた。

イギリスは、

「イギリスの国防線はイギリスの岸辺でもなければイギリス海峡の真中にもない。それは大陸側の港の背中にある」（一五八八年、キャップテン・ドレイク）という海洋国家の国防線の原則を守った。イギリス侵攻を放棄したフランスはオーストリアに対して公式に宣戦布告し、まずロレーヌ地域のオーストリア軍の撃滅作戦を開始した。

フレデリック大王はマリア・テレサとブレスロウの講和を結んでいたが、マリア・テレサがシレジア奪回の企図をまったく放棄していないと判断していた。そこでフランスの宣戦布告を見てバヴァリア公（カール七世皇帝を自称）と密約を結んでボヘミアをオーストリアから奪って分割することとし、さらにフランスと同盟を結んだ。

「戦争の四分の三は霧の中」（クラウゼヴィッツ）である。イギリスはフランスが優勢になると判断し、オーストリア、サクソニア、オランダと語って四国同盟をワルシャワにおいて結成し、フランス、バヴァリア、プロシャに対して宣戦布告した。

フレデリックが予期しないことが起こる。まず、フランス国王ルイ一五世が病に伏し、フランス軍の作戦は止まってしまった。ついでオーストリア軍はバヴァリア軍を撃破した。オーストリア皇帝カール七世と自称していたバヴァリア公は敗戦のショックで病死した。後継したマキシミリアンはオーストリア帝位請求権を放棄し、フッセン条約を締結してオーストリアと講和した。

フランスはロレーヌとオーストリア領フランダースにしか興味はない。プロシャはオーストリアの覇権の中で孤立してしまった。一年も経たないうちに国際情勢がプロシャの不利に激変したのだ。イギリスを敵にまわしたことは友好的な隣国ハノーヴァーを敵にまわすことでもあった。

フレデリックは虎視眈々とオーストリアと講和を結ぶための既成事実を軍事的に造る方策を練った。そしてバヴァリアとの密約を破って、一気にボヘミアに侵攻し、ドレスデンを占領した。

一方、フランス国王ルイ一五世が病気から回復し、フランス軍がフランダース作戦を開始した。オーストリアは敗勢となった。この情勢を見たフレデリックは、ただちにフランスとの同盟を破棄してオーストリアと講和し、マリア・テレサの夫がオーストリア皇帝に就任することを支持した。そしてボヘミアを返還するかわりにシレジアの支配継続を認めさせた。

もっとも、オーストリアの実権を握りつづけるマリア・テレサは、将来におけるシレジア奪回の意図を捨てたわけではなかった。

「怨念と欲望は戦争の卵」

である。そして怨念の卵は国家の名誉という尊厳を侮（あなど）られることから始まる。

［戦争の谷間（一七四六～一七五五年）］

第二次シレジア戦争のあと、フレデリック大王は大いに反省した。その戦争は大王の情勢判断の誤りから発生したものである。のちに、

「予がこのような失敗を乗り越えることによって、策略の何たるかを学ぶことができた」

と述べている。彼はナポレオンのように生まれながらの才能に恵まれていたのではなく、苦労と努力の積み重ねによって名将になった。

しかしながら、この第二次シレジア戦争の結果、欧州の列強は、プロシャの存在に一目を置くようになった。そしてプロシャを敵にまわすことを避けるようになり、プロシャの国際発言力が高くなった。フレデリックは、プロシャ国民のうち弱い立場にある人々を保護することを内政の基本とし、国力の再建と国民の団結力の強化に努力するとともに、軍隊の訓練をいっそう強化して軍事力の育成に努めた。

オーストリア継承戦争は継続していた。フランスはフランダースのオーストリア領を着実に侵略していた。イギリスに内乱が発生したため、イギリス陸軍は欧州から撤

退してしまった。しかし、インドとアメリカでは、イギリスとフランスの戦争は続いていた。

一七四八年、フランスはオランダの支配下にあったマーストリヒトを陥落させた。そのあと全戦線は膠着状態になり、ついにオーストリアとフランスはラ・シャペルの講和条約を締結して戦前の状態を回復するとともに全ゲルマン公国はオーストリア帝位継承を認めた。ただし、フランスに敗北したオランダは、多くの領土をフランスに割譲することになった。

「国際社会は自ら助ける国を助ける」

ことを実証した。すなわち、オランダはすべての国から見放されたのである。

フレデリック大王は、第二次シレジア戦争のあと、国力の回復・増大に努めた。戦争国力の八要素をもって当時のプロシャを概観すると、戦略的地勢は決定的に不利であった。海洋や大河、大山脈によって国境が区画されていないので、もし、プロシャの四周の国々が対プロシャ同盟を組めば、いずれの方向からもベルリン目指して侵攻することができる。

すなわち、プロシャの国防戦略は、防勢戦略では成り立たないことを意味している。だから国防戦略は攻勢第一主義の戦略となる。しかも内線作戦にならざるを得ない。

内線作戦とは外周から分進して我を合撃しようする敵に対し、合撃できないようにして各個に撃破する作戦である。

国土面積はシレジアを手に入れても、フランスやオーストリア帝国の十数分の一であり、人口六〇〇万はオーストリア同盟国とフランスの合計人口約一億人の一六分の一に過ぎない。しかし、国家の産業・経済力は、国家予算の節約と産業振興政策によって財政に債権がなく、財政黒字どころか国家の有事貯蓄を増す一方であった。

国民生活の下層社会に対して、思い切った救済政策や無税政策によって併合したシレジア住民の反抗気運も消滅した。二つの戦争に勝利したので国民の士気も高く、フレデリックの啓蒙政策によって国民の知識も民度もいちじるしく向上した。

もちろん、フレデリックの統治力は高い。軍事訓練は常備軍のみならず、約五万の予備軍に対しても厳しく実施し、有事における動員力と補充力を育成した。

ところが外交力に優れているとはいえ、マリア・テレサも男勝りの外交的才能をもってフレデリックに立ちふさがった。

彼女はフレデリックを深く憎んでいて、その怨念は年毎に鬱積した。しかし、彼女はフレデリックが人並みはずれた強敵であることも認識していた。そこでプロシャ軍を研究して、オーストリア軍の戦闘ドクトリンを改善し、将校の戦術能力の育成に努めた。そして対プロシャ軍事戦略を中心にした戦争計画の作成を命じた。

一方、外交については、プロシャを孤立させる大同盟を計画した。しかし、そのもっとも困難な課題は、一五一九年以来、約二〇〇余年にわたって欧州における覇権を争ってきたフランスとの関係を回復し、同盟を結ぶことであった。マリア・テレサは人材を観る眼に優れていた。そして名外交家カウニッツ伯を見出し、この大任を付与した。

フランス国王は、対イギリス戦略を中心に据えた国家戦略にするか、伝統的な対オーストリア戦略を中心するか悩んだ。オーストリアは宿敵であるが、本当の主敵はイギリスであると見破った。フランスは世紀の初めからイギリスと対立し戦争してきた。その戦域は欧州に留まらず、インドとアメリカで戦ってきた。

その戦争の基本的原因は海洋国家対大陸国家の永遠に消えない構造的対立であり、第二は植民地争奪の戦いであった。イギリスは常にオーストリアとフランスの覇権抗争を巧みに利用して干渉と関与を行なっていた。

オーストリアのカウニッツはルイ一五世を説得するためにあらゆる術策を講じ、ついに一七五六年、オーストリアがシレジアを奪回し、フランスがフランダースからイギリスの影響力を排除することに相互協力することを条件に同盟を結んだ。この同盟は世界外交史において外交革命とされ、「逆転の同盟」と言われている。

一般に大陸の諸国では、国境を接している大陸相互が主導権をめぐって対立する。その二つの大陸勢力が同盟して海洋勢力の大陸へのかかわりを遮断する政策は、海洋国家の勢力均衡政策を無効にしようとするものである。オーストリアはロシアとサクソニアにも同盟参加を誘った。先の継承戦争の同盟国だから文句なく成立した。

スウェーデンもまた、ロシアとの戦争を回避するため、プロシャとの同盟を見限ってこの大同盟に参加した。

仰天したのはイギリスである。イギリスの対欧州大陸政策は国家戦略の骨幹である。いわゆる勢力均衡政策である。もちろん植民地争奪競争よりも優先した。しかもイギリス国王はハノーヴァー公を兼務していた。ハノーヴァーの安全保障にもっとも必要なのはフレデリック大王が統治するプロシャであった。イギリスはすかさず同盟した。

マリア・テレサは大陸内の覇権争奪政策には慣れていたが、海洋国家の特質についてはまったくセンスがなかった。だからイギリスにも大同盟に参加するように勧誘したが、侮辱をもって拒絶された。

イギリスは波濤の支配者であるが、大陸国ではない。海洋国家の対大陸国家に対する軍事戦略の原則は、第一に大陸国家の海外との連絡や海外拠点を虱潰し（しらみつぶし）するとともにに、第二に大陸に対しては「ヒット・エンド・ラン攻撃」を随時随所に行なって大陸国家を消耗させることである。特に、大陸内で協力国があっても、陸軍を内陸深く投入することは絶対に避けるのが原則である。

これは古代ギリシャのペロポネソス戦争以来、不変の経験則といってよい。それゆえ、イギリスはハノーヴァー軍に増援を送るとともに、プロシャに軍資金を継続的に援助することとした。

イギリスが大西洋、地中海、北海、カリブ海においてフランス艦隊を攻撃することに対し、フランスはアメリカ大陸のインディアン諸部族と共同してイギリス植民地に対し攻撃した。いわゆるフレンチ・インディアン戦争（一七五四〜一七六三年）である。

それでもマリア・テレサの外交革命によってプロシャは大陸内部で孤立無援となった。

フレデリックは第一次・二次シレジア戦争では、オーストリア皇帝の継承ルールを承認するかどうかの取引材料を持っていた。それでも足りないときは、軍事力を行使してサクソニアを占領したり、ボヘミアを占領して取引材料にした。

しかし、今度は大同盟によって完全に締め付けられた。わずかに西方はハノーヴァー・イギリス連合軍が同盟していたが、大胆な内線作戦を実行するのは困難な情勢となった。

〔七年戦争（一七五六～一七六三年）〕

フレデリック大王にとって、この戦争はまったく望まない戦争であった。しかし、戦争以外にシレジアを保持することもできなければ、プロシャの生存も危ぶまれた。そのまま第二次世界大戦前の日本の状況に似ている。戦争以外に満州を保持することもできなければ、日本の生存も危ぶまれたのと同じである。

プロシャに対するオーストリアとロシアの要求はシレジアの奪還だけではなく、プロシャの征服であった。フランスはハノーヴァーの占領である。スウェーデンは東西ポメラニアの占領であり、サクソニアの要求は東プロシャの占領であった。

一七五六年、フレデリック大王はオーストリアの機先を制してサクソニアを攻撃して首都ドレスデンを占領し、さらに進んでオーストリア軍をロボジッツの戦闘で撃破した。

一七五七年、フレデリック大王は悪戦苦闘の内線作戦を展開した。そして最後にサクソニアのロスバッハとシレジアのロイテンにおいて、歴史に残る名作戦を行なってオーストリア軍を撃破した。

一七五八年には、オーストリア軍とロシア軍がプロシャ軍を南北から挟撃し、大王は敗戦の崖淵に立たされた。

一七五九年、プロシャはオーストリア帝国、フランス、ロシア、イギリス、スウェーデンと言う強国から強圧を受けていた。そして敗北の坂道を転げ落ち、国王フレデリック大王がクネスドルフの戦闘において大敗北を喫したとき、プロシャ国民は何が一番重要なのかとの選択を突きつけられた。

個人の生命・財産と自由および幸福の防護なのか、国民としての条件である名誉、伝統への誇り、同胞愛なのかの選択である。究極的に問えば、個人の生命の安全か、同胞愛かの選択にほかならない。

「愛は、すべてを奪う。同胞のために自己犠牲を厭わない」

ことなのだ。個人が国よりも大切ならプロシャから出て行けば済むことであった。だが、プロシャ国民は後者を選んだ。そして彼らがフレデリック大王の指導のもとに、一致団結して今日のドイツの基を作ったのだ。

一七六〇年、国民の尚武の心と激励に支えられてフレデリック大王はシレジアのリグニッツとサクソニアのトルガウにおいてオーストリア軍に対し辛勝した。

一七六一～一七六二年、同盟国のイギリスが国内に政変を起こしてハノーヴァーから軍を引き揚げてしまった。まったくの孤立無援となったプロシャは戦争国力を衰弱させていた。ただし、国民の戦意と大王の闘魂だけがプロシャの生存を支えた。このときロシアの女帝エリザベスが没してロシアはプロシャと講和した。スウェーデンもロシアに倣（なら）った。

一七六三年、イギリスとフランスが講和したのでオーストリアもついにプロシャと講和し、プロシャはシレジアを確保した。まさに闘志がプロシャを救ったのである。

あとがき

国際政治はあたかも世界の国々が戦略関係という座布団に座ってお茶を飲みながらバランス・オブ・パワーについて会話しているようなものである。

一六四八年のウエストファリアの講和条約において国際関係は宗教のような絶対的理念を基礎にするのではなく、国家主権を基本としてバランス・オブ・パワーによって秩序を決めることになった。人智による政治である。そうであるなら、人間は国際関係を社会学の一分野として「経験科学的思考」によって判断することが必要になる。

それは第一に、国益の長期目標から演繹(えんえき)した当面の追求する戦略目標を達成するために、第二に、世界の地勢を変転する国際情勢に対応して戦略的に評価し、関係諸国の可能行動を考察した結果を前提として、第三に、あらゆる行動方針を列挙し、第四に、戦略目標をもっとも容易に達成でき、かつ成果の大なる行動方針を選択し、第五に戦略構想を決断することになる。この思考過程において注意することは、

(1)　国際情勢の変化や他国から奇襲を受けないように注意する。

(2)　〝タブー〟が入ることは思考過程の崩壊を意味する。

(3)　国際政治を論ずるときには「兵士の戦死」を念頭に置く。

の三点を忘れてはならない。ナポレオンは決断した作戦方針を奇襲されないか、何かの先入観に捉われていないか、兵士の戦死に報いられるかと日に何度も再考したという。

列国が大学に戦争学部や戦争学講座を設けるようになってから、はや四分の三世紀が過ぎている。世界の国際政治史は戦争史を主軸として回転しているとも言われているから、日本人は国際政治に関しては小学生の域にも達していないといわれても仕方がない。

ちなみに、欧米の防衛庁に対する兵器の提案書には、その書き出しに「将来における戦闘ドクトリンの提案」があり、その戦闘ドクトリンの実行に最大に寄与する兵器の性能はかくかくしかじかと書きつづけ、よって弊社の提案する兵器はかくも素晴らしいものであると宣伝している。

ところが日本の防衛産業の提案書には、将来における戦闘ドクトリンの提案が記述されていない。ひたすら自社の兵器の性能が良いことを宣伝するだけである。使い方は自衛隊の方で考えてくださいという姿勢である。その提案書は列国の提案書に比べると、小学生レベルの記述になっている。

もし、日本の大学で戦争学部があり、そこの卒業生が日本の防衛産業に入社すれば、日本の提案書も列国並のレベルになるだろう。言い換えれば、戦争学部の卒業生は、政治界と防衛産業界から引く手あまたとなることは間違いない。

本書の原稿を光人社に手渡してから初校ができるまでに、北朝鮮は核実験を行なったと発表した。マスコミに出演する論客は誰一人として戦争準備を論じない。某首相にいたっては、第一撃を受けるまでは日本は防衛行動をしないとうそぶいている。第一撃を受けた国民は今日の政治家によって守られないのだ。あいた口が塞がらない無責任な政治家集団である。

「征服とは、文化的に被征服国を染め上げることである」から、敗戦によってアメリカに染め上げられた日本人の価値基準の是非を論じ、「国防は百年の計」であることを主張することは日本ではタブーであって、隣国が核武装しようとしているのにかかわらず戦争を口にしたがらない世間の風潮との間には百里の距離があると感じていたが、そうした状況の中で本書が刊行されることの意義は大きい。お力添えをいただいた光人社の牛嶋義勝氏に敬意を表するとともに感謝したい。

平成一八年一〇月

松村　劭

単行本『戦争学のすすめ』（平成十九年一月、光人社）を改題
装　幀　伏見さつき
DTP　佐藤敦子

産経NF文庫

日本人のための戦争学入門

二〇二二年十二月十八日　第一刷発行

著者　松村　劭

発行者　皆川豪志

発行・発売　株式会社　潮書房光人新社

〒100-8077　東京都千代田区大手町一-七-二

電話／〇三-六二八一-九八九一(代)

印刷・製本　凸版印刷株式会社

定価はカバーに表示してあります
乱丁・落丁のものはお取りかえ
致します。本文は中性紙を使用

ISBN978-4-7698-7054-8　C0195
http://www.kojinsha.co.jp

産経NF文庫の既刊本

日本が戦ってくれて感謝しています2
あの戦争で日本人が尊敬された理由
井上和彦

第1次大戦、戦勝100年「マルタ」における日英同盟を序章に、読者から要望が押し寄せたインドネシア——あの戦争の大義そのものを3章にわたって収録。日本人は、なぜ熱狂的に迎えられたか。歴史認識を辿る旅の完結編。15万部突破ベストセラー文庫化第2弾。

定価902円(税込)　ISBN978-4-7698-7002-9

日本が戦ってくれて感謝しています
アジアが賞賛する日本とあの戦争
井上和彦

インド、マレーシア、フィリピン、パラオ、台湾……日本軍は、私たちの祖先は激戦の中で何を残したか。金田一春彦氏が生前に感激して絶賛した「歴史認識」を辿る旅——涙が止まらない!感涙の声が続々と寄せられた15万部突破のベストセラーがついに文庫化。

定価946円(税込)　ISBN978-4-7698-7001-2

産経NF文庫の既刊本

就職先は海上自衛隊

女性「士官候補生」誕生

時武里帆

一般大学を卒業、ひょんなことから海上自衛隊幹部候補生学校に入った文系女子。そこで待っていたのは、旧海軍兵学校の伝統を受け継ぐ厳しいしつけ教育、短艇訓練、八マイル遠泳…女性自衛官として初めて遠洋練習航海に参加、艦隊勤務も経験した著者が描く士官のタマゴ時代。

定価924円(税込)　ISBN 978-4-7698-7049-4

素人のための防衛論

市川文一

複雑に見える防衛・安全保障問題も、実は基本となる部分は難しくない。ウクライナ侵攻はなぜ起きたか、どうすれば侵略を防げるか、防衛を考えるための基礎を簡単な数字を使ってわかりやすく解説。軍事の専門家・元陸自将官が書いたやさしくて深い防衛論。

定価880円(税込)　ISBN 978-4-7698-7047-0

産経NF文庫の既刊本

危機迫る日本の防衛産業
桜林美佐

日本の「防衛産業」の問題点を分析――米国からの装備の購入による国内調達の減少、それによる関連企業、技術基盤の弱体化。これらは産業問題ではなく、安全保障問題であると認識しなければならない。日本を守るためにはいかに装備品の国産化が大切なのかを教えられる一冊。

定価902円(税込)　ISBN 978-4-7698-7051-7

誰も語らなかったニッポンの防衛産業
桜林美佐

防衛産業とはいったいどんな世界なのか。どんな企業がどんなものをつくっているのか、どんな人々が働いているのか……あまり知られることのない、日本の防衛産業の実情について分かりやすく解説。大手企業から町工場までを訪ね、防衛産業の最前線をリポート。

定価924円(税込)　ISBN 978-4-7698-7035-7